生态村官培训读本丛书

环境保护部自然生态保护司　组织编写

秸秆淘金篇

农业废弃物的综合利用

邓延陆　姚慧　编

中国环境科学出版社
湖南教育出版社

图书在版编目（CIP）数据

农业废弃物的综合利用：秸秆淘金篇/邓延陆，姚慧编．—北京 ：中国环境科学出版社，2011.7

（生态村官培训读本丛书）

ISBN 978-7-5111-0621-6

Ⅰ．①农… Ⅱ．①邓… ②姚… Ⅲ．①秸秆－综合利用－干部培训－教材 Ⅳ．①S38

中国版本图书馆CIP数据核字(2011)第122691号

丛书主编 邓延陆
本册编写 邓延陆 姚 慧
插图绘画 林 翠
装帧设计 林 翠

策划编辑 沈 建 黄永华
责任编辑 沈 建 刘 焱
责任校对 扣志红
版式设计 蔡胜强
出版发行 中国环境科学出版社
（100062 北京东城区广渠门内大街16号）
网 址：http://www.cesp.com.cn
联系电话：010-67112756（总编室）
发行热线：010-67125803，010-67113405（传真）
印 刷 北京市联华印刷厂
经 销 各地新华书店
版 次 2011年7月第一版
印 次 2011年7月第一次印刷
开 本 850×1168 1/32
印 张 4.25 彩插4
字 数 85千字
定 价 12.50元

《生态村官培训读本丛书》

农作物秸秆是待开发的资源宝库

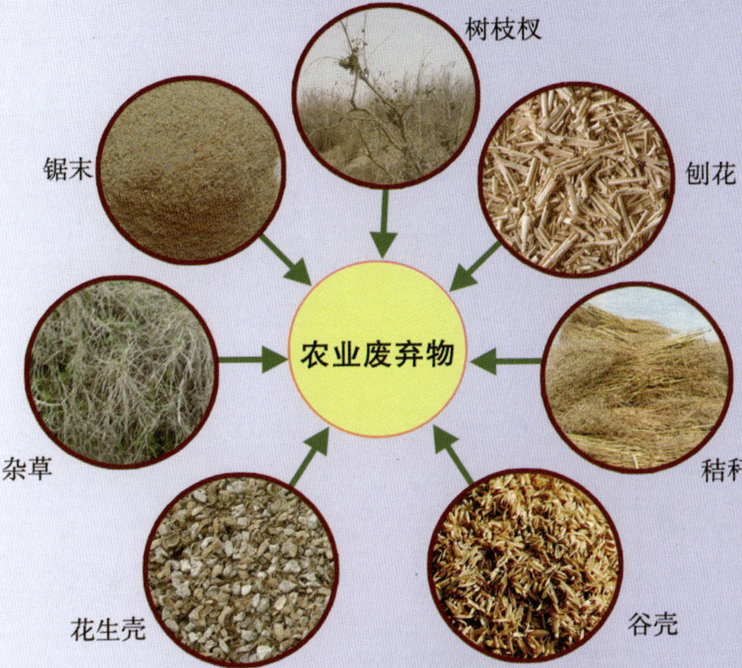

我国农作物秸秆使用状况

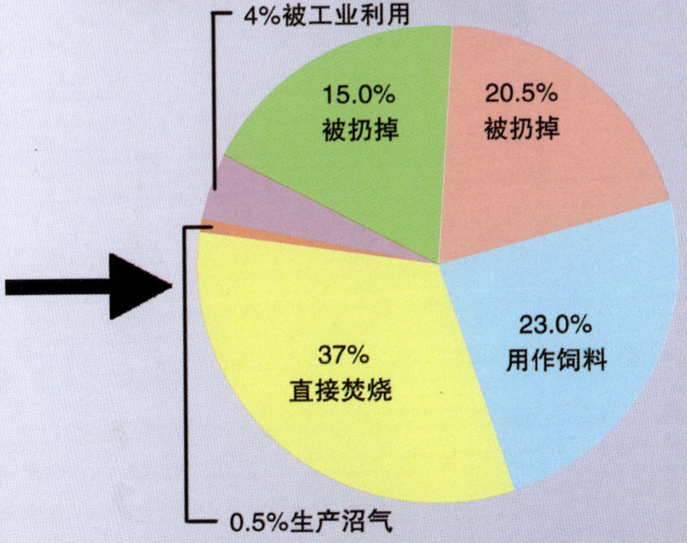

农作物秸秆的多种利用方式

秸秆机械化还田

秸秆制青贮饲料

在田间就地堆沤肥料

制作生物质燃料

通过沼气化制取有机肥料

培育食用菌

秸秆的工业化综合利用

秸秆制造人造纤维板

秸秆制取乙醇

秸秆制造商品有机饲料

秸秆制成的新型墙体保温材料

秸秆制造复合人造板

秸秆发电

农作物秸秆的家庭利用方式

培育蘑菇等食用

编织草编品、草帘子

目录

开发秸秆能源化技术，发展和实施沼气入户工程……44

编者的话（代序）

2009年5月，中共中央组织部、教育部、财政部、人力资源和社会保障部联合下发了《关于选聘高校毕业生到村任职工作长效机制的意见》，决定从2008年开始，连续5年共选聘10万名大学生到农村担任村官。这是党和国家的一项重大决策，对于加快社会主义新农村建设的步伐，形成具有基层工作经验的党政干部培养链，引导大学生转变就业观念，都具有非凡的重要意义。

好事总要办好。据我们对大学生的接触了解，他们对于党和国家的这项宏观战略决策非常支持和欢迎，但是目前普遍存在着一定的顾虑：在我国，每年被录取或毕业的大学生都在几百万之多，其中有相当一部分来自于城市，这部分大学生对于农村基本上不熟悉，甚至缺乏必要的了解。因此，除了在大学是学习农、林、水专业的之外，大多数大学生对于到农村当村官感到茫然：由于缺乏相关的农村和农业生产知识，他们不知道到农村后应当怎样协助村干部们带领、引导农民改变农村面貌，建设社会主义新农村。尤其是在党的十七大提出生态文明建设的战略目标之后，他们尚缺乏如何在广大农村实施生态发展战略和生态环境保护的必要的相关知识。当然，他们可以通过互联网查询与翻阅相关的图书资料来获得这方面的知识，但是繁书如海，互联网上的信息又良莠不齐，即便是“临时抱佛脚”，也需要花费相当多的时间与精力。这对于即将奔赴农村第一线的大学生村官们来说，无疑是一个难题。因此，为大学生村官们编写一套入门式、索引式的生态村官知识读本，让他们从中了解必要的农村生态文明和生态建设方面的基本知识，使大学生成为社会主义新农村的生态村官（也称“绿色村官”）和在农村落实十七大精神的主力军，是一项紧迫的、义不容辞的重要工作。

2007年，在国务院办公厅转发了《关于加强农村环境保护工作的意见》之后，环境保护部自然生态保护司和中华环境保护基金会组织编辑出版了《新农村环境保护读本》，被列为国家“农家书屋”建设工程必选的优秀图书。我们这次组织编辑出版的《生态村官培训读本丛书》，就是以《新农村环境保护读本》所涉猎的相关知识为主线，结合在我国农村工作中必然会遇到的一些重点问题，例如生物质燃料、生态(有机、立体、循环)农业、兴办村办工业的绿色门槛、如何帮助农民绿色维权、怎样保护农村生产环境和生活环境等等，分门别类地集纳成15册，并且采取“百问百答”和图解的形式使之简洁化，尽量做到全面归纳、分类指导、提纲挈领、图文并茂、通俗易懂，使村官们能够在较短的时间内，粗略地了解与基本把握到农村后可能遇到的一些问题与解决的途径；也供他们在农村任职期间遇到相关的问题时，能从这套丛书中快捷地查找到相关的资料与解决实际问题的线索。

毫无疑问，这套丛书涉猎的农村知识面很广，不少问题是党和国家实施社会主义新农村发展战略之后才凸现的，由于我们的水平和知识面有限，编写时间较为紧迫，在编写过程中难免会挂一漏万，甚至可能有错讹之处，敬请广大读者谅解与指正。这套丛书在编写时参考了大量图文资料，在此谨表示衷心感谢。对于部分作者不详的图片，希望作者直接与本丛书编写组取得联系，我们将按照出版社的图书图片刊用标准支付稿酬和鸣谢。

编　者

农作物秸秆是一座天然生物质“宝库”

001 什么是农业废弃物？

农业废弃物是农业生产、农产品加工、畜禽养殖业和农村居民生活排放的各种废弃物的总称。我国农村常见的农业废弃物主要包括农田和果园残留物（例如秸秆、杂草、枯枝落叶、果壳果核等）；牲畜和家禽的排泄物及畜栏垫料；农产品加工的废弃物和污水；人粪尿和生活废弃物。

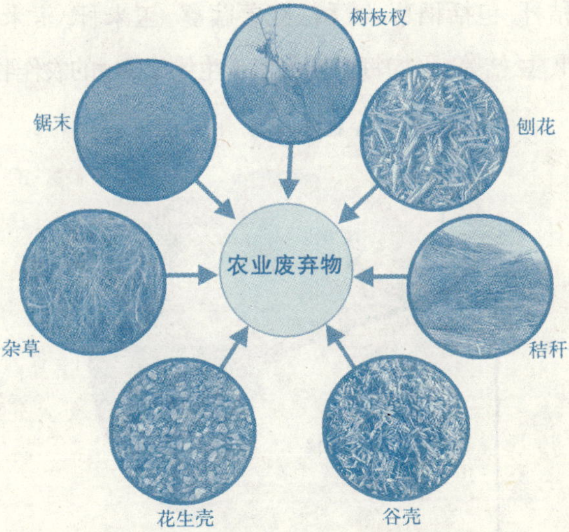

图1　农田和果园残留物（例如秸秆、杂草、枯枝落叶、果壳果核等）都是农业废弃物

农业废弃物如果任意排放，不仅会造成农村生活环境的污染，而且会污染农业水源，影响农产品的品质，危害农业生产，传染疾病，影响居民健康。由于农业废弃物主要是有机物，这些废弃物若处理得当，通过多层次的合理利用可成为重要的农村能源和有机肥源。例如，农作物秸秆的“过腹还田”、鸡粪处理后用作部分猪饲料、利用农作物秸秆和人与畜禽的粪便制取沼气、沼渣养蚯蚓、渣液当做肥料等。

002 我国农村目前每年会产生和利用多少农业废弃物？

我国是农业大国，也是秸秆资源最为丰富的国家之一，每年约产生7亿t秸秆，包括稻草、麦秸、红薯藤蔓、玉米秆、玉米芯、花生蔓、油菜秆、豆秸等，平均每亩地每年产生约350kg的农作物秸秆。

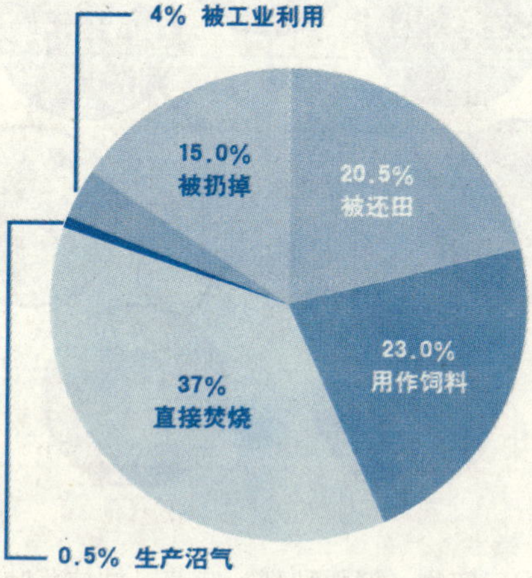

图2 我国对于农业废弃物的利用现状

这些农作物秸秆除了少部分被用来喂养牲畜，或者直接粉碎掩埋还田、沤制农家肥之外，大部分按照传统习惯作为农家灶头的燃料直接烧掉，或者就在田间地头被焚烧成草木灰。随着传统农业向现代化农业的转变以及经济、社会的发展，我国农村能源、饲料结构等发生了深刻变化，传统的秸秆利用途径也发生了历史性的转变。一方面，科技进步为秸秆利用开辟了新途径和新方法；另一方面，农业主产区秸秆资源大量过剩问题日趋突出，农民就地焚烧秸秆带来的资源浪费和环境污染问题，已经引起了全社会的关注。

003 每生产1t粮食会产生多少农作物秸秆？

据全国污染源普查工作办公室的调查统计所提供的数据显示：

每生产1t小麦或大麦，约产生1.2t麦秸；

每生产1t水稻，约产生1.06t稻草；

每生产1t玉米，约产生1.34t秸秆；

每生产1t豆类，约产生1.6t秸秆；

每生产1t棉花，约产生1.7t秸秆。

图3 全国每年要产生约7亿t农作物秸秆等农业废弃物

004 为什么说农业废弃物利用不当会造成农业源污染危害?

"农业源污染"是近年来才高度概括而形成的一个环境保护新概念,以前被称为"农村面源污染",泛指广大农村地区在农业生产和农民群众生活过程中所产生的、未经合理处置的各种污染物,引起的对农田、水层、湖泊、河流、大气等农业生态系统及对农产品造成的污染。显而易见,农作物秸秆等农业废弃物如农膜、畜禽粪便、农村生活垃圾、农副产品加工所产生的废水、废气、废渣等,如果不经过妥善处理或者利用不当,都会造成污染。尤其是对于农作物秸秆这类农业废弃物来说,如果露天焚烧制取草木灰,会使田间地头浓烟弥漫,造成严重的大气环境污染;露天焚烧农作物秸秆还容易使土壤板结、酸化。又如,农膜残留物会破坏农田土壤的团粒结构;畜禽粪便处理不当会造成恶臭污染和水体富营养化等。这些都是农业废弃物造成的农业面源污染形成的严重后果。

005 为什么说农作物秸秆等农业废弃物是一座天然"宝库"?

以农作物秸秆为主的农业废弃物是一类有机物,其中农作物秸秆所含的碳、氧、氢三种化学物质的总和占95%以上,其余为钾、氮、磷、硅、钙、镁、硫等矿物质元素。农作物秸秆中的有机成分以纤维素、半纤维素为主,其次为木质素、蛋白质、脂肪、灰分等。此外,杂草、枯枝落叶、果壳果核等及畜禽粪便等也同样含有极为丰富的有机化学成分和营养物质。农作物秸秆等农业废弃物所含有的这些丰富的营养和可以利用的化学成分，可以用来作为饲料、肥料、生活燃料及工副业生产原料。由此可见，农作物秸秆等农业废弃物如果利用得当，等于一个潜在经济价值很大的宝贵的生物资源和一座天然"宝库"，应当加以充分"挖掘"和综合利用。

006 为什么说露天焚烧农作物秸秆是一种巨大的农业资源浪费？

我国自古以来就有露天焚烧农作物秸秆制取草木灰作为农家肥的传统做法。每逢农作物收获季节，田间地头黑烟升腾，有时甚至是遮天蔽日、浓烟呛人。焚烧之后，农田里乌黑一片，风吹时残留的灰烬随风飞扬。许多人按照传统习惯认为，把农作物秸秆就地焚烧成草木灰，是祖宗留传下来的让肥分还田的好办法。

图4　露天焚烧农作物秸秆是在浪费农业资源

其实，在露天焚烧农作物秸秆制取草木灰的做法，一方面是贪图省事，另一方面是不了解农作物秸秆经过适当加工便可以制作高质量有机农家肥的缘故。据估算，全国每年产生的约7亿t各种农作物秸秆中，含氮约300万t，相当于价值15亿元的氮肥；含磷约64万t，相当于价值3亿元的磷肥；农作物秸秆的含钾量最高，含钾610万t，相当于价值32亿元的钾肥。如果能够把全国每年产生的农作物秸秆全部充分利用起来，制成优质的农家有机肥料，这么多的农作物秸秆中所含的氮、磷、钾以及大量的微量元素和丰富的有机质，相当于我国目前化肥施用总量的1/4左右。而且，利用农作物秸秆制成优质的农家有机肥料，可以改善农田的土壤结构，大大增加土地的肥力。由此可见，每年露天焚烧农作物秸秆，等于在“白白地烧钱”：等于把50多亿元的钞票白白地烧掉了。这项经济损失对于广大农民群众和国家来说，该是多么巨大呀！

007　露天焚烧农作物秸秆对于农村大气环境有什么严重影响？

在田间地头露天焚烧农作物秸秆时，会产生大量的烟尘，造成浓烟弥漫，大气环境严重污染的现象。尤其是在露天焚烧半干半湿的农作物秸秆时，还会产生致癌、致畸性极强的苯并〔α〕芘等大气环境污染物。

图5 露天焚烧农作物秸秆会造成严重的大气污染，危及交通运输安全

如果在飞机场、高速公路、国道及省道、高压输电线、通信设施附近露天焚烧农作物秸秆，所产生的遮天蔽日的浓重烟雾和烟尘会积聚在低空地带久久不易逸散，直接影响了飞机的起落和汽车驾驶员的视野，容易造成飞机航班误点、道路交通事故迭发，甚至还会危及高压输电线或通信设施的安全，造成严重的后果。

008 露天焚烧农作物秸秆对于农田土壤有什么严重影响？

在田间地头露天焚烧农作物秸秆时，固然可以烧死隐藏在农作物秸秆中的病菌和农作物害虫，但是焚烧农作物秸秆时所产生的高温还会同时烧死土壤中的有益微生物，造成土壤中的微生物单一甚至缺失；与此同时，焚烧农作物秸秆时所产生的高温还会使土壤板结硬化或者酸化，反而使农田土壤质量下降。

009 农作物秸秆综合利用的基本原则是什么？

近年来，我国各地的农村随着传统农业向现代化农业的转变以及经济、社会的发展，传统的秸秆利用途径也发生了历史性的转变。尤其是随着农业科学研究和农业废弃物综合利用科学研究日趋深入，科技进步为秸秆利用开辟了新途径和新方法，使人们逐渐认识到农作物秸秆的巨大的潜在经济价值：露天焚烧农作物秸秆是害，多渠道综合利用和消纳农作物秸秆可以变废为宝，能够使广大农民群众从中获得额外的丰盈的社会与经济效益。各地农村都在想方设法地综合利用农作物秸秆。综合各地的经验做法，农作物秸秆的处理和综合利用应当遵循以下三项原则：

一、资源化原则

农作物秸秆是农作物的重要副产品，同时也是工业、农业生产的重要生产资源。各地农村对于技术的选用，主要应当从秸秆能源化和资源化两个方面着手。

二、因地制宜原则

各地农村应当根据当地的农作物秸秆产量和经济发展情况，选择合适的综合利用技术。例如，在有条件的地区可以选择还田、作为养殖饲料、生产沼气等技术；而在农作物秸秆主产区，农作物秸秆大量富余的情况下，则可以把农作物秸秆用于制作板材等工业应用，也可以建设秸秆集中供气、秸秆发电工程等。

三、可持续发展原则

各地农村应当以提高农作物秸秆的资源综合利用率为目的，突出增加土壤的有机质和培肥地力，降低农业生产成本，促进农业可持续发展。

010 为什么说综合开发利用农作物秸秆等农业废弃物是“村官”振兴农村经济的一项重要工作？

农作物秸秆是农业生产的副产品，属于产生量十分巨大的农业资源，但同时也是一大类农业废弃物，如果利用不当，不仅会造成严重的农业源污染，危害农民群众的身体健康，而且是对农业资源的一种巨大浪费。党和国家历来高度重视农业废弃物的综合利用，尤其是近年来多次出台鼓励农业废弃物无害化、减量化、资源化的一系列优惠政策，在全国各地农村大力推广农作物秸秆和畜禽粪便沼气化、农作物秸秆还田、制取饲料和优质有机肥料等符合我国农村实际需要的措施和技术。

实践证明，组织村民对农作物秸秆等农业废弃物进行综合利用，不仅可以从源头上减少农业源污染带来的危害，而且可以变废为宝，获得极为可观的经济效益。在我国一些率先开发利用农作物秸秆等农业废弃物的农村，甚至形成了一类新兴的绿色产业和村经济的支柱产业。从总体上来看，在村里积极引导和帮助村民们大力发展农作物秸秆等农业废弃物的综合利用，既能够让村民获得较好的经济效益，又减少了农业源污染，改善了农业生态环境和农民的生活环境，一般都会产生很好的经济效益、社会效益和环境效益。所以说，社会主义新农村的“村官”们应当把握农业废弃物综合利用的方向，掌握农业废弃物综合利用的技术常识，带领村民在抓好农业生产的同时，使农业废弃物综合利用在村里逐渐形成一类产业和经济支柱之一。

011 因地制宜地综合开发利用农作物秸秆等农业废弃物的方向是什么？

农作物秸秆等农业废弃物的种类很多，产生量很大。由于我国幅员辽阔，各地农村的农业废弃物种类不一，村里的经济实力、地理环境和气候条件等也不一样，因而不可能在农作物秸秆等农业废弃物的综合开发利用上是一个模式。从总体上来看，各地农村综合开发利用农作物秸秆等农业废弃物的基本方向是：

一、因地制宜，规划为先

各地农村都必须结合本村的实际情况和当地市场需求，有针对性地选择开发利用农业废弃物的模式、技术及规模，千万不要东施效颦或者削足适履，盲目地不顾自身条件学人家。与此同时，村里在经过调查研究之后，应当在上级政府主管部门和专家的指导下，统筹兼顾制订村里的农作物秸秆等农业废弃物的综合开发利用规划，尽量做到“规划为先”，既要考虑眼前如何引导和帮助村民对农作物秸秆等农业废弃物开发利用，又应当看远一些，当村里的农作物秸秆等农业废弃物综合开发利用形成一定规模之后，则应当考虑和规划如何朝着集约化的方向发展，促使形成村里的经济支柱产业。

二、抓住资源化利用这个重点

农作物秸秆等农业废弃物的处理和利用，要求做到“无害化，减量化，资源化”，但是重点要抓住“资源化”这个大方向。因为只有让农业废弃物充分得到资源化利用，才能够从源头上做到无害化、减量化；也只有让农业废弃物资源化，才能够从中创造可观的经济效益，让村民们从中得到实惠、尝到甜头，从而进一步调动综合开发利用农业废弃物的积极性，其规模才会逐步做大做强，其开发利用的农业废弃物种类与方式才会越来越多。

012 国家对于农作物秸秆综合利用目前有哪些优惠政策和鼓励措施？

国家历来高度重视对于农作物秸秆的综合利用，近年来相继出台了一系列的鼓励对农作物秸秆综合利用的优惠政策。例如，利用农作物秸秆生产沼气的扶助、对利用农作物秸秆生产工业产品的减免税政策等。2008年，国务院办公厅颁发《关于加快推进农作物秸秆综合利用的意见》(国办发 [2008] 105号)。为了加快推进农作物秸秆综合利用，国家提出了“力争到2015年秸秆综合利用率超过80%”的目标，提出了大力推动秸秆在农业上的循环利用、积极发展以秸秆为原料的加工业、有序发展以秸秆为原料的生物质能源等农作物秸秆综合开发利用的主导方向。国家有关主管部门建立了对不同用途的秸秆综合利用的价格、补贴、税收优惠政策和有效激励机制。在国务院办公厅《关于加快推进农作物秸秆综合利用的意见》中，就提出了“对秸秆发电、秸秆汽化、秸秆燃料乙醇制备技术以及秸秆收集贮运等关键技术和设备研发给予适当补助。将秸秆还田、青贮等相关机具纳入农机购置补贴范围”。“对秸秆还田、秸秆汽化技术应用和生产秸秆固化成型燃料等给予适当资金支持”。“对秸秆综合利用企业和农机服务组织购置秸秆处理机械给予信贷支持”。“鼓励和引导社会资本投入”和“实施税收和价格优惠政策。把秸秆综合利用列入国家产业结构调整和资源综合利用鼓励与扶持的范围，针对秸秆综合利用的不同环节和不同用途，制定和完善相应的税收优惠政策”。“完善秸秆发电等可再生能源价格政策”。

目前，在国家优惠政策和激励措施推动下，全国已建成8个国家级秸秆养畜示范区，597个国家级养畜示范县，占全国总县(市)数的21.29%。秸秆沼气累计推广13.8万户，秸秆集中供气150处；利用秸秆制造人造板、秸秆造纸、秸秆发电、秸秆堆肥、秸秆压块等农作物秸秆综合利用产业化，也进一步获得开发与发展。由于我国幅员辽阔，各地政府颁布实施的农作物秸秆综合开发利用扶植政策也不尽相同。当村里要大力发展农作物秸秆综合利用产业，并且已经初具规模时，可以主动与当地县农业局等政府主管部门联系汇报，咨询相关的优惠政策并且争取获得财政补贴等支持。

提倡多种形式的秸秆还田，增加农业有机肥源

013 在农村大量施用化肥会有多大的弊端？

近几十年来，由于肥效快、施用方便、可以使粮食与其他农产品大幅度增产等优势，化肥逐渐在我国广大农村推广使用，甚至完全或大部分取代了传统的农家肥等有机肥料。目前，我国已经成为世界上化肥用量最多的国家之一，全国每年使用化肥的总量超过4 200万t，约占全世界化肥施用量的30%；每公顷农田的化肥施用量多达360kg以上。但是，由于大多数农村存在着过量施肥和养分配比不合理等情况，我国的化肥利用率平均只有30%左右，远远低于世界平均利用率65%的水平。这么多的化肥白白地流失，不仅造成巨大的农业投入浪费，而且近年来化肥对于农村环境和农业生态环境尤其是对于农田土壤环境的不良影响及危害日渐显露，引起了全社会的普遍重视。

一、化肥对于农田土壤的影响与危害

氮肥是施用量最多的一种化肥，占全国化肥施用总量的70%~75%。但是，长期向农田里单一地施用氮肥等无机肥料，不配合施用农家肥等有机肥料，尤其是当过量施用化肥或者施用方法不当时，化肥中的大量营养成分并未被农作物吸收，而是流失到土壤之中，改变了原有土壤的结构和特性，就会造成土壤中的营养成

分单一化、土壤板结、保水保肥的能力下降等一系列恶性变化，进而破坏了农田耕地土壤中原有的团粒结构，农田耕地的保水保肥能力大幅度下降。化肥中的磷肥、钾肥往往含有较多的多种重金属杂质会造成农田耕地土壤中的重金属蓄积污染，使土壤的性能变差。

图6　在农田和果园里过量施用化肥会使土壤的性能变差

二、化肥对于农村水源的影响与危害

绝大多数化肥易溶于水。我国广大农村地区施用于农田中的化肥，氮和磷的利用率较低，有65%~70%的氮肥和80%~90%的磷肥并未被农作物吸收，而是随着雨水的冲淋流入江河、湖泊，最终汇入海洋。进入水体的化肥中的氮、磷等营养物质，会使藻类等水生浮游生物因为获得大量的营养物质而疯狂地生长，造成水体的富营养化，农村和农田附近的池塘、湖泊、水库等不易流动的水体会变得格外绿，舀上来的水中甚至有用肉眼也可以看得出的藻类

(在通常情况下，这些藻类是肉眼难以看得清的)，水质也开始变臭，水中的鱼虾等会翻肚死亡，水质无法饮用。化肥还会严重地污染地下水。在长期使用氮肥的地区，地下水的含氮量在逐年增高，地下水中的硝酸盐含量会超过国家规定的饮用水水质标准。

图7 化肥的流失会造成水体的富营养化

三、化肥对于农民群众身体健康的影响与危害

化肥污染会使水体、土壤、蔬菜瓜果、粮食作物中的硝酸盐含量急剧增加，进而威胁着广大农民群众乃至人类的身体健康。土壤和水体中的硝酸盐会通过蔬菜及饮水进入人体内，并且在人体内被还原为亚硝酸盐后，可与食物中的一类叫做二级胺的物质发生反应，生成强致癌物质亚硝酸胺。此外，磷肥中所含的镉、铬、铅等有毒有害重金属及氟、放射性杂质会通过蓄积和转移，使农产品受到镉等污染而危害人体健康。

014 为什么说提倡秸秆还田会大幅度地增加农业有机肥源？

农作物秸秆中含有的有机质和氮、磷、钾、镁、钙、硫等元素都是农作物生长必需的营养元素，是丰富的肥料资源。实践证明，在农作物收割后，把农作物秸秆以适当的方式还田后，会大幅度地增加农业有机肥，土壤中的氮、磷、钾养分都有所增加，尤其是速效钾的增加最明显，土壤活性及有机质也有一定的增加，对于改善土壤结构具有重要作用。

015 为什么说提倡秸秆还田是发展有机农业和循环农业经济的重要措施？

有机农业和循环农业经济突出的特点之一，就是在农业生产中实现生态农业系统内部的物质和能量的循环，做到无农业废弃物排放。而农作物秸秆作为粮食种植产业中产生量最大的农业废弃物，通过各种形式的秸秆还田可以实现“粮食生产→农作物秸秆→还田→有机肥料→粮食生产”的良性循环。

农作物秸秆还田可以有效地减少化肥的施用量，增加农田土壤中的有机质含量，改善农田土壤的结构，从而实现了有机农业生产的基本要求，即使用有机肥料替代化肥，改善农业生态环境质量。所以说，在农村大力推广农作物秸秆还田，是推进有机农业和循环农业经济发展的一项重要措施。

图8　推广农作物秸秆还田是改善农业生态环境质量的重要措施

016　为什么说利用秸秆烧制的草木灰并非是最好的农田肥料？

烧制草木灰是利用农作物秸秆中所含的钾元素制取钾肥。农作物秸秆中的含钾量最高，约占0.9%，露天焚烧农作物秸秆，虽说可以从中获得一定量的天然钾肥，但是农作物秸秆中的其他有机质和氮肥等却被白白地焚烧殆尽，造成了农作物秸秆中的其他天然肥源的流失和浪费。另一方面，钾肥的主要作用是能够促使农作物的茎秆坚韧，预防农作物在生长期倒伏而减产。农作物的茁壮成长需要吸收多种营养物质，例如氮、磷、钾和各种微量元素等，而通过露天焚烧农作物秸秆所获得的草木灰主要是钾肥，对于农作物生长来说仅是单一肥源，并非是农作物生长所需要的全面的营养物质。

017 我国农村秸秆还田的方向和措施主要有哪些？

国务院办公厅颁发的《关于加快推进农作物秸秆综合利用的意见》指出了我国农村推行农作物秸秆还田的方向与措施，即“大力推广秸秆快速腐熟还田、过腹还田和机械化直接还田”。

农作物秸秆还田的方式有很多，例如把秸秆覆盖还田、粉碎翻压还田、堆沤还田、“过腹还田”、制沼气等。其中，秸秆覆盖还田和秸秆粉碎翻压还田都属于机械化直接还田；秸秆堆沤还田和秸秆制沼气则属于快速腐熟还田。这些还田技术与秸秆“过腹还田”技术，都是根据我国不同地域的农业生产所总结出来的简单易行、成效显著、便于推广的农作物秸秆还田的经验，也是我国农村推行农作物秸秆还田的方向与主要措施。

018 什么是秸秆覆盖还田技术？

秸秆覆盖还田技术是将农作物秸秆粉碎后，或者整株直接覆盖在农田里。这项技术可以减少土壤中水分的蒸发，达到保墒的目的。农作物秸秆在农田里腐烂后，还能够增加土壤的有机质。

目前在我国各地农村常用的秸秆覆盖一般有以下几种方式：

直接覆盖 把农作物秸秆直接覆盖在农田土壤的表面，并且和免耕播种相结合，农田的蓄水、保水和增产效果明显。这种方式的生产工序少，生产成本低，便于就地抢农时播种。

图9　农作物秸秆的机械化还田作业

高留茬覆盖还田　在小麦、水稻收割时，留高茬20~30cm，农作物秸秆的还田量约为2 250kg/hm^2，同时配合施氮肥150~225kg/hm^2，然后用拖拉机犁翻入土中，实行秋冬灌及早春保墒。这种方式具有就地翻压、省时省力、还田均匀等特点。不足之处是农作物秸秆还田量少，不足以弥补土地肥力消耗。

带状免耕覆盖　这种方式是一种新型的保护性耕作技术，即使用带状免耕播种机，在农作物秸秆直立的状态下直接播种，形成带状免耕的农作物秸秆集垄覆盖、垄际耕作播种，具有适应性强、生产工序少、生产成本低、应用效果好等优点。

019　在村里推广秸秆覆盖还田技术应当注意哪些事项？

农作物秸秆覆盖还田虽说是一种简单易行的办法，但是在村里推广时还必须结合当地的地理环境、气象条件和雨水、地下水等情况。因为在气候干燥、雨水稀少、土壤湿度低的农田里进行农作物秸秆覆盖还田时，农作物秸秆不易腐烂，所以应当注意以下一些事项：

一、要注意农作物秸秆的覆盖厚度和均匀度

旱地作物在播种覆土后，地块表面覆盖3~5cm厚的农作物秸秆即可。同时要注意地表的秸秆覆盖率大于30%，覆盖均匀，以保证能够顺利地完成播种、种子正常发芽和出苗。

二、整株覆盖法的适宜地区

整株覆盖法比较适宜于干旱地区及北方地区的小面积人工整株倒茬间作。

三、高留茬覆盖还田法的适宜地区

这种方法适用于我国的稻、麦种植区，目前已在全国推广面积约42.5万hm^2。

020　什么是秸秆粉碎翻压还田技术？

我国农村地区目前常用的秸秆粉碎翻压还田技术，是机械化秸秆粉碎直接还田技术，尤其适用于大面积农田地块。这种技术即使用秸秆粉碎机，将摘穗后的玉米、高粱及小麦等农作物秸秆就地粉碎，均匀地抛撒在农田土壤的表面，随即翻耕入土，使之在土壤里腐烂分解。这样能把农作物秸秆的营养物质完全地保留在土壤里，不但增加了土壤有机质含量，培肥了地力，而且改良了土壤结构，减少病虫危害。

据中国农业科学院对我国华北地区的试验表明，每亩地翻压200~400kg（风干量）麦秸都有较好的增产效果，可以补偿土壤有机质的损耗，并且可以逐年提高土壤有机质的含量。

021　在村里推广秸秆粉碎翻压还田技术应当注意哪些事项？

由于在气候干燥、雨水稀少、土壤湿度低的农田里，农作物秸秆不易腐烂，所以在推广秸秆粉碎翻压还田技术时应当注意以下一些事项：

一、适宜地区

在我国华北地区，除了高寒山区之外，绝大部分地区可采用秸秆直接粉碎翻压还田。在我国其他水热条件好、土地平坦、机械化程度高的地区，则更加适宜于推广这项技术。但是在那些常年干旱少雨、地下水位低的地区，由于还田后的秸秆不易腐熟，甚至会影响农田保墒，因而不宜推广。

二、要提高农作物秸秆的粉碎质量

农作物秸秆粉碎的长度应当小于10cm，并且要在农田里撒匀。

三、配合施足速效氮肥

农作物秸秆被翻入土壤中后，在分解为有机质的过程中要消耗一部分氮肥，如果不及时进行补充，就会出现秸秆与麦苗或者其他秋播作物争夺氮肥的矛盾。所以在采用秸秆粉碎翻压还田技术的地里，要同时增施碳酸氢铵等氮肥300～600kg/hm^2。

四、要注意浇足“踢墒水”

在农作物秸秆粉碎翻压还田的地块，土壤容易架空，会影响秋播作物的正常生长。为了夯实土壤，加速农作物秸秆的腐化，必须在整好地后一定要浇好“踢墒水”。如果怕影响播种作物的适期播种，也要在播后及时浇水。

022 为什么说秸秆堆沤还田技术是充分利用有机肥肥田的一项最佳选择？

秸秆堆沤还田技术就是使农作物秸秆充分高温腐熟以后，通过人为调节和控制，加入畜禽粪便和多种微量元素、生物菌，加工成生物有机肥还田。这种方法能够就地取材，操作简单，解决了在干旱少雨的农村地区的农作物秸秆不易腐烂的问题，尤其适用于农户分散小规模应用。

秸秆堆沤还田技术根据堆肥条件的差异，通常分为秸秆高温堆肥和自然发酵堆肥。

农作物秸秆高温堆肥技术 又称为“好氧堆肥技术”，是指在有氧状态下，利用好氧微生物在高温条件下对农作物秸秆进行降解，加速农作物秸秆中的木质素、纤维素和半纤维素的腐解而生成堆肥。

农作物秸秆自然发酵堆肥技术 这是一种我国农村普遍采用的方法，即直接把农作物秸秆堆放在地面上，与牲畜粪尿充分混匀后密封，使其自然发酵。这项技术最大的优点是简单方便，但是由于发酵温度较低，因此发酵时间较长，降解的效果也较差。为了缩短堆肥时间，可以采用添加发酵菌营养液和降解菌等措施，目前已采用酵素菌催腐剂堆肥技术、催腐剂堆肥技术和酵素菌催腐剂堆肥技术，来加速木质素、纤维素和半纤维素等有机物分解腐烂，提高堆肥效果。

图10　我国农村普遍采用的农作物秸秆自然发酵堆肥

据农业部门的化验数据表明，在500kg腐熟的堆肥中，除了含有各种微量元素外，其肥效约相当于15.2kg尿素、24kg磷肥和41.5kg硫酸钾，其有机质的含量相当于350kg棉饼肥。如果能够在农田里连续使用堆腐肥，不仅能够减少环境污染，提高土壤中的有机质含量，同时还可以大幅度地减少化肥用量，提高农产品的品质。

023　怎样指导农户实行秸秆堆沤还田？

在村里推广秸秆堆沤还田技术时，一般可按照下列步骤进行：

一、备料

按照每500kg农作物秸秆掺用速腐剂（例如腐秆灵菌剂）0.5~31.0kg、尿素2.5~3.5kg或者碳酸氢铵5~37.5kg（可用10%的人畜粪代替氮肥）。

二、挖坑

将脱粒后的农作物秸秆靠近水源，在堆沤场或者直接在地头上挖宽1.5~3.2m、长3m、深0.4~0.6m的长方体土坑，并且将挖出来的泥土作为土坑四周的围埂，以防止肥水流失，并可留一部分作压膜用。

三、堆放

将农作物秸秆分为三层堆平，每一层堆高50~360cm，浇透水（含水量在60%~65%），然后分层、分量均匀地撒施速腐剂和氮肥。堆高一般在1.5~1.8m为宜。在浇足水的情况下，轻轻拍实。

四、盖膜

把堆沤肥的四周调整整齐，然后覆盖上农膜。覆盖的农膜要盖严，四周用泥土压实，以防止跑气，影响腐熟效果。

五、检查

在堆沤10~35天时，掀开覆盖的农膜，看看堆沤的地上部分是否缺水。如果缺水，还应当适当补浇一次水后再封严。在不缺水的情况下，堆沤25天左右就可完全腐熟，可作为农田基肥使用。

024 秸秆“过腹还田”技术比其他秸秆还田方式的优越性是什么？

顾名思义，“过腹还田”就是把农作物秸秆喂给畜禽吃，经过畜禽的肠胃消化，再把畜禽粪便作为肥料还田。这项技术是一种效益很高的农作物秸秆利用方式。把口感差、消化率低的农作物秸秆经过青贮、氨化和微贮处理之后，改善了秸秆的适口性，提高营养元素的利用率，作为饲料喂饲给畜禽。农作物秸秆经过禽畜“过腹”后，变成了有机肥还田，从而形成了粮食→秸秆→饲料→牲畜或者家禽→有机肥料→粮食的良性循环。

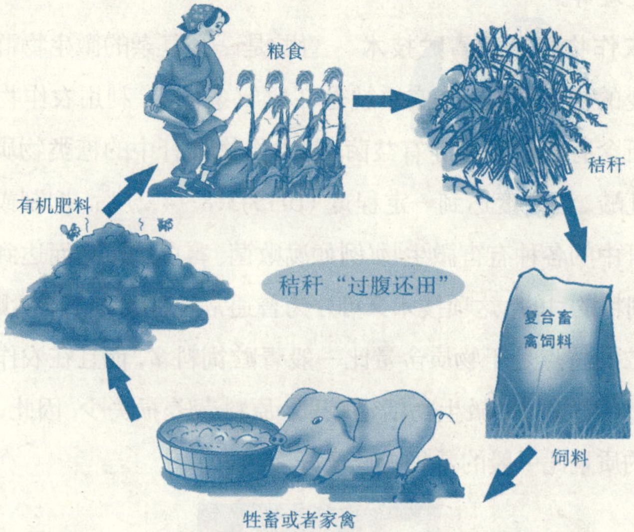

图11　农作物秸秆“过腹还田”的良性循环示意图

实践证明，秸秆“过腹还田”可以增加畜牧业的产量，促进农业生产，缓解粮食和饲料供需矛盾；同时，提高了农作物秸秆资源的利用率，既减少了农作物秸秆对于环境的污染，又使农作物秸秆首先转化为饲料使用，再经过畜禽“过腹”转化为更易被农作物吸收的有机肥料，可以说是“一物多用”，一举多得。

025 常用的秸秆“过腹还田”技术有哪些？

农作物秸秆“过腹还田”技术的关键环节，是把农作物秸秆改良为畜禽适口性好的饲料。目前常用方法有秸秆的氨化、青贮和微贮处理等。

农作物秸秆的青贮技术 青贮是一个复杂的微生物群落动态演变的生化过程，其实质就是在厌氧条件下，利用农作物秸秆本身所含有的乳酸菌等有益菌，将农作物秸秆中的糖类物质分解产生乳酸。当酸度达到一定程度（pH为3.8~4.2）后，抑制或者杀死秸秆中的各种有害微生物(例如腐败菌、霉菌类)，从而达到长期保存饲料的目的。这项技术又可分为普通常规青贮和半干青贮。半干青贮的特点是干物质含量比一般青贮饲料多，而且在农作物秸秆发酵的过程中，微生物活动较弱，原料营养损失少，因此，半干青贮的质量比一般的常规青贮要好。

图12 把农作物秸秆加工成适口性好的饲料再喂饲牲畜

农作物秸秆的氨化处理技术 这项技术就是在密闭的条件下，在农作物秸秆中加入一定比例的氨水、无水氨、尿素等，破坏农作物秸秆中的木质素与纤维素之间的联系，促使木质素与纤维素、半纤维素分离，使纤维素及半纤维素部分分解、细胞膨胀、结构疏松，从而提高农作物秸秆的消化率、营养价值和适口性。农作物秸秆经过氨化处理后，秸秆中的粗蛋白含量可从3%~4%提高到8%，家畜的采食量可提高20%~40%。

农作物秸秆的微贮技术 对饲料进行微生物处理，简称为“微贮”。这是我国农村近年来推广的一种把农作物秸秆转化为饲料的处理方法。微贮与青贮的原理非常相似，只是在农作物秸秆发酵前，通过添加一定量的微生物添加剂(例如秸秆发酵活干菌、白腐真菌、酵母菌等)，然后利用这些微生物对农作物秸秆进行分解利用，使秸秆软化，并将其中的纤维素、半纤维素以及木质素等有机碳水化合物转化为糖类、乳酸和其他一些挥发性脂肪酸，从而提高牛、羊等牲畜对于秸秆饲料的吸收利用。

026 在村里推广秸秆“过腹还田”技术时应当注意哪些事项？

推广秸秆“过腹还田”技术的关键环节，是把农作物秸秆改良为畜禽适口性好的饲料。因此，结合当地农作物秸秆种类、收获季节、场地条件等因素，选用适宜的饲料加工技术十分重要。例如：

秸秆的氨化技术 尤其适用于干秸秆，在用液氨处理秸秆时，秸秆的含水量以30%为宜。

秸秆的微贮技术 宜选用干秸秆和无毒的干草植物，并且在室外气温为10~40℃时制作。

秸秆的青贮技术 适用于有一定含糖量的秸秆。农作物秸秆的含水率要适中，要求控制在55%~65%之间。

027 怎样把农作物秸秆还田与农村沼气化有机地结合起来？

农作物秸秆还田中的秸秆覆盖还田、粉碎翻压还田，都是利用农业生产自然环境条件，使秸秆中的营养成分被农作物吸收；秸秆堆沤还田、“过腹还田”，则是利用腐熟技术或者“过腹”的形式，使秸秆中的营养成分通过“再加工”，让农作物吸收。这些技术与方式固然好，但是并没有充分、全面地利用农作物秸秆的能量。农业生产的实践证明，通过农村沼气化可以先利用农作物秸秆获得沼气这种清洁能源供农户使用；在利用秸秆制取沼气的过程中，秸秆中的营养物质通过发酵、腐熟，成为沼渣、沼液这些高效、优质、无害的有机肥料，更容易被农作物全面吸收。所以说，先利用农作物秸秆制取沼气，再把沼渣、沼液还田，是一种效益更好的农作物秸秆还田方式。

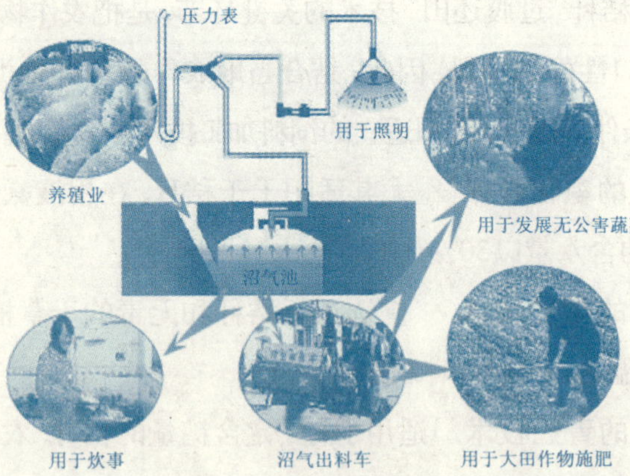

图13 利用农作物秸秆制取沼气，再把沼渣、沼液还田，是一种效益更好的农作物秸秆还田方式

充分利用农作物秸秆作为畜禽饲料

028 农作物秸秆直接作为畜禽饲料有哪些利弊？

在我国农村利用农作物秸秆作为饲料喂饲畜禽的历史十分悠久。但是，直接使用农作物秸秆作为饲料，由于秸秆中的脂肪和植物蛋白质含量低，有效能含量不足，而且严重缺乏维生素，矿物质元素（例如钙、磷）的含量也较低，硅酸盐的含量较高，粗纤维含量高，对于畜禽来说适口性差。如果将秸秆不加工而直接作为饲料使用，不仅使牲畜的食用量大，而且不能满足牲畜的生理需要。

图14 我国农村利用农作物秸秆作为饲料喂饲畜禽的历史十分悠久

在我国广大农村地区，秸秆饲料的来源广、种类多、数量大、价格低，农作物秸秆中含有植物光合作用积累的一半以上的能量，作为非竞争性的饲料资源，只要能够进行合理地加工调制，利用化学、微生物学原理，使富含木质素、纤维素、半纤维素的农作物秸秆降解，转化为含有丰富菌体蛋白、维生素等成分的生物蛋白饲料，提高其消化能的摄入量，用来饲喂牛、羊等反刍家畜，仍然能够成为优质的饲料源。

029 我国农村目前常用的农作物秸秆饲料加工方法主要有哪些？

当前，我国农村目前常用的农作物秸秆饲料加工技术是秸秆颗粒化、青贮、氨化、碱化—发酵双重处理、膨化饲料、热喷（在热喷装置中用饱和水蒸气喷射秸秆）、微生物发酵贮存及生产单细胞蛋白技术。其中，碱化—发酵双重处理和热喷技术是目前较为理想的农作物秸秆饲料加工技术，适宜于在经济条件较好的农村推广。

030 怎样通过“青贮”生物处理技术提高秸秆饲料的营养价值？

“青贮”是通过生物处理技术使农作物秸秆转化为优质饲料的方法之一，也是我国农村常用的一种简易的饲料加工方法。青贮适用于有一定含糖量、含水率在55%~65%之间的秸秆饲料化，例如玉米秸秆、花生蔓、甘薯蔓等。具体做法是：

一、青贮的设施

农作物秸秆青贮的设备主要有窖、塔、袋等，其中以青贮窖最为常见。窖址应当选择在地势高、干燥、排水良好、土质坚硬、避风向阳、没有粪场、距离畜舍较远的地方。一般多采用长方形的半地下式，其中一端留斜坡，便于运输。窖的宽度通常为2.5~3m，深度以不超过3m为宜，长度可根据具体养殖规模而定(例如1头成年奶牛一年需要青贮料$10m^3$)。窖的建筑结构以砖混结构为主。

图15　农作物秸秆青贮的设备主要有窖、塔、袋等

二、制作方法

青贮的原料应当适时收割，以免影响原料产量或者青贮质量，甚至导致青贮失败。由于农作物秸秆中的乳酸菌的生长繁殖要求湿润、厌氧和一定数量糖类的环境，所以在青贮时要将农作物秸秆原料切短(长度一般为2~3cm)，装填时层层压紧、压实，排出空气，尽量造成厌氧环境。在装填前，先在窖底铺上约30cm厚的垫草，然后将切短的农作物秸秆迅速装入窖内。装时要边装

填边踩实，尤其对窖的四周更应当注意踏实压紧(装填大型青贮窖时，可用履带式拖拉机压实)。青贮用的农作物秸秆的湿度应在55%~65%，一般以用手攥紧切碎的农作物秸秆，手指缝有液体渗出而不下滴为宜。如果农作物秸秆原料的含水量少时，应当边装边喷水。当原料高出窖沿60cm时就可以进行封窖。在原料上先覆盖一层塑料薄膜，然后在薄膜上加10~20cm的麦秸，再加土50cm左右进行封埋。表面要压实拍平，窑顶隆起呈馒头形。在窖的四周挖排水沟。封埋一周内必须经常检查窖顶，发现裂缝、下降要及时用土封严踩实。

三、取用方法

饲料青贮后30~50天，便可开窖取用喂饲牲畜。取料时，一般选择避阳的一端，逐层逐段挖取。每次取出的数量应当依喂饲量而定，随用随取，以保持新鲜。取料后，随即用塑料布盖严料面，不使青贮料和空气接触过久，以免霉烂变质。

四、品质鉴定

青贮料的品质鉴定以感官鉴定为主。优质的青贮料呈绿色或者黄绿色，有水果的弱酸味或者酒糟的香味，质地柔软，叶脉明显，茎叶保持原状。中等的则呈黄褐色或者暗绿色，有强烈的酸味，水分多，茎叶基本上保持原状。劣质的呈褐色或者黑色，有刺鼻的腐败味或者霉味，质地粗硬干燥或者粘成一团。

031 怎样通过微生物处理技术提高秸秆饲料的营养价值？

农作物秸秆转化为饲料的微生物处理，实质上主要是借助微生物（以乳酸菌为主）的作用，使秸秆在厌氧状态下发酵，既可以抑制或者杀死各种微生物，又可以降解秸秆中的可溶性碳水化合物而产生醇香味，提高饲料的适口性。

我国农村目前常用的农作物秸秆生物处理，主要有“青贮”和“微贮”两种方法。其中，由于青贮法简单易行，不需要像微贮法那样添加微生物添加剂(例如秸秆发酵活干菌、白腐真菌、酵母菌等)，因而目前使用较多。但是，由于微贮法可以将农作物秸秆中的纤维素、半纤维素以及木质素等有机碳水化合物转化为糖类、乳酸和其他一些挥发性脂肪酸，从而提高秸秆的利用率，因而是农作物秸秆生物处理饲料化的推广方向。

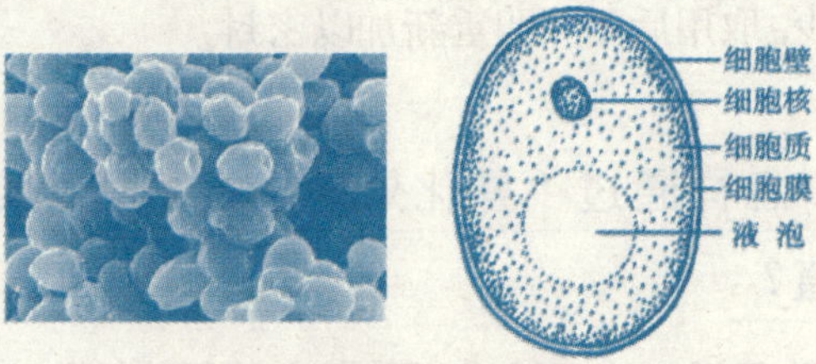

图16　用于秸秆饲料微生物发酵的酵母菌的形态（左）与结构（右）

032　采用农作物秸秆微生物处理技术时应当注意哪些事项？

把农作物秸秆通过微生物处理技术，转化为适口性好、营养成分高的饲料时，一般应当注意以下几项：

一、农作物秸秆原料的糖分要较高

这样才可以使微生物把原料中的糖分转化为乳酸，并且使糖分分解为牲畜易吸收的脂肪酸等营养物质。一般宜选用玉米秸秆、花生蔓、甘薯蔓等。

二、农作物秸秆原料的含水率要较高

只有含水率较高的农作物秸秆，才会产生适宜于微生物活动的潮湿环境条件。所以，农作物秸秆青贮时的含水率应当控制在55%~65%(一般以用手攥紧切碎的农作物秸秆，手指缝有液体渗出而不下滴为宜)。如果含水量少时，或者用半干秸秆时，应当边装填、边喷水。农作物秸秆微贮时也可以选用干秸秆或者半干秸秆。

三、要形成密封的厌氧环境条件

农作物秸秆的生物处理是在厌氧环境条件中进行的。因此，在装填料后，必须仔细密封使原料隔绝空气。在取用饲料时，宜用多少就取多少，取用后要立即重新加以密封。

033 怎样通过“氨化处理”技术提高秸秆饲料的营养价值？

农作物秸秆氨化处理技术可以提高秸秆的消化率、营养价值和适口性。我国农村目前推广的农作物秸秆氨化处理方法，主要有氨化池氨化法、窖贮氨化法、塑料袋氨化法、堆垛氨化法等。

一、氨化池氨化法

选择向阳、背风、地势较高、土质坚硬、地下水位低，而且便于制作、饲喂、管理的地方建氨化池。池的形状可以为长方形或者圆形。池的大小及容量要根据氨化秸秆的数量而定，而氨化秸秆的数量又决定于饲养家畜的种类和数量。一般每立方米池（窖）可装填切碎的风干的农作物秸秆100kg左右。1头体重200kg的牛，一年需要氨化秸秆1.5~2t。挖好氨化池后，用砖或者石头铺底和砌垒四壁，再用水泥抹面。

氨化池建好后，将农作物秸秆粉碎或者切成1.5~2cm的小段。将相当于秸秆重量3%~5%的尿素用温水配成溶液(温水的用量一般为每100kg秸秆用水30kg左右)，均匀地喷洒在秸秆上，并且要边喷洒边搅拌，或者装一层秸秆均匀喷洒1次尿素水溶液，边装边踩实。然后，用塑料薄膜盖好池口，四周用土覆盖密封即可。

二、窖贮氨化法

窖池式的氨化设施有壕、窖、池，氨化窖一般为土窖。选择地势较高、干燥、土质坚硬、地下水位低、距离畜舍近、贮取方便、便于管理的地方挖窖。窖的大小根据贮量而定。窖可挖成地下或者半地下式，土窖、水泥窖均可。但是氨化窖必须不漏气、不漏水，土窖的壁一定要修整光滑。若使用土窖时，可用0.08~0.2mm厚的农用塑料薄膜平整铺在窖底和四壁，或者在原料入窖前在底部预先铺一层10~20cm厚的秸秆或干草，以防潮湿。窖的周围紧密排放一层玉米秸，以防窖壁上的土进入饲料内。

氨化窖建好后，将农作物秸秆切成1.2~2cm的小段。配制尿素的水溶液，在秸秆边装窖边均匀地喷洒尿素水溶液。待原料装满窖后，在原料上盖一层5~20cm厚的秸秆或者碎草，再覆土20~30cm并且踩实即可。封窖时，原料要高出地面50~60cm，以防止雨水渗入。并且经常检查，如发现裂缝要及时补好。

三、塑料袋氨化法

这是一种简易的农作物秸秆氨化处理方式。塑料袋的大小以方便使用为好，塑料袋一般长度为2.5m，宽度为1.5m，最好用双层塑料袋。把切断的秸秆用配制好的尿素水溶液均匀喷洒，装满塑料袋后，封严袋口，放在向阳干燥处即可。在存放期间，应当经常检查。如果嗅闻到袋口处有氨味，应当重新扎紧；发现塑料袋破损，要及时地用胶带封住。

四、堆垛氨化法

堆垛氨化处理农作物秸秆的场地应当选择地势干燥、鼠害较少的平地。在地上铺放厚度为0.15~0.2mm的塑料薄膜，其大小视秸秆堆的大小而定，垛的高度一般不超过2.5m。堆垛的秸秆应当打成15~20kg重的捆，垛底四周的塑料膜应当留下一定的宽度。待秸秆堆码到一定高度后，加氨水并且调整含水量，然后用塑料膜覆盖，上下两块塑料膜的四周重叠卷边，并用重物压住或者用塑料胶带密封即可。

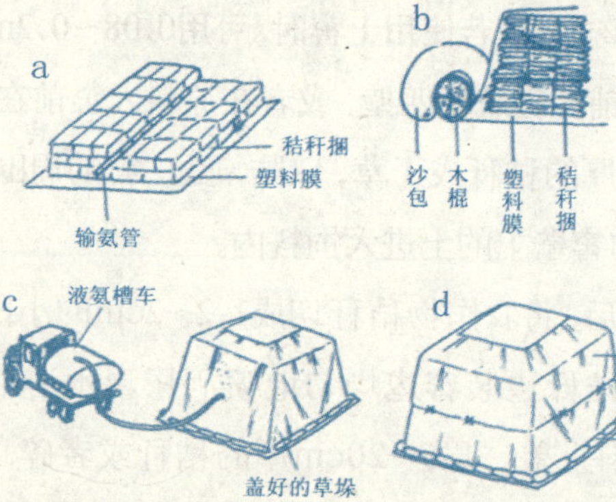

图17　对农作物秸秆进行堆垛氨化的工艺流程示意图

堆垛氨化最好使用氨水或者液氨，通过氨枪加入秸秆垛中。加完氨后，取出氨枪，用胶布将注氨孔密封。有时候，塑料膜有可能被扎破、冻破或者被老鼠咬破，一经发现即要马上修补，以防止漏氨。

五、质量检查与使用

秸秆氨化一定时间后，就可以饲用。氨化的时间的长短要根据气温而定。

当气温低于5℃时，一般需要56天以上。

气温为5~10℃时，一般需要28~56天。

气温为10~20℃时，一般需要14~28天。

气温为20~30℃时，一般需要7~14天。

气温高于30℃时，一般只需要5~7天。

氨化秸秆在饲喂牲畜之前应当进行品质检验。一般地说，经氨化的秸秆颜色应当为杏黄色，氨化后的玉米秸秆为褐色，质地柔软蓬松，用手紧握有明显的扎手感。氨化的秸秆有糊香味和刺鼻的氨味。氨化玉米秸秆的气味略有不同，既具有青贮的酸香味，又有刺鼻的氨味。如果发现氨化秸秆大部分已经发霉时，则不能用于饲喂家畜。

034 采用农作物秸秆“氨化处理”技术时应当注意哪些事项？

一是氨化技术适用干秸秆，用液氨处理秸秆时，秸秆含水量以30%为宜。

二是氨化处理秸秆饲料的氨源有很多，各种氨源的用量和处理方法也不相同，其处理结果因农作物秸秆的种类而异。农作物秸秆经氨化处理后，秸秆的粗蛋白含量可从3%~4%提高到8%，家畜的采食量可提高20%~40%。

三是使用氨化处理的饲料时应注意：开窖取料时，需要喂多少料，就取多少，取料后即封严窖口，取出的氨化饲料要晾晒1~2天后方可饲喂家畜。

035　怎样通过颗粒化技术提高秸秆饲料的营养价值？

农作物秸秆的颗粒化饲料加工技术，是将农作物秸秆经粉碎机粉碎、揉搓成一定长度之后，再按照配方把各种原料搭配并且混合一定时间后，用特定型号的颗粒机制成颗粒饲料。

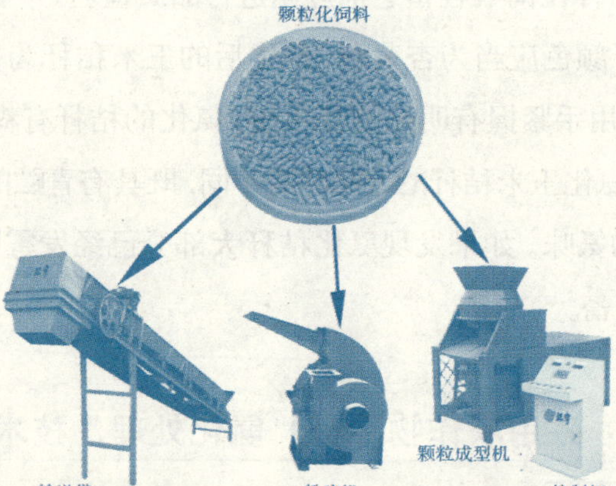

图18　使用饲料加工机械把农作物秸秆制成颗粒饲料

秸秆颗粒饲料的特点是很容易将维生素、微量元素、非蛋白氮、添加剂等成分强化进入颗粒饲料中，提高饲料中营养物质的含量，使饲料达到各种营养元素的平衡，并且改善了适口性。这项技术容易操作，实用性强，饲喂效果明显，一次性投资不太高，是一项值得推广的实用技术。

村里如果打算兴办农作物秸秆颗粒饲料加工厂时，可以购买集揉搓、铡切和混料为一体的新型粗饲料加工机械。这种新型的秸秆揉切机适用于加工麦秸、稻草、玉米秸，以及甘蔗梢、芦苇、柠檬条、棕榈果壳等各种青绿饲料和干料，同时具有铡切功能和揉搓功能，具有明显的优点：可以将青、干玉米秸秆加工成丝状的碎料，茎节破碎率大于99%；可铡切羊草、苜蓿等干草，而不会出现把干草打成草粉的现象。干秸秆经揉切机加工后能够打捆，使体积减小，便于运输。

036 采用“热喷处理”技术对于改善秸秆饲料的营养价值有什么好处？

农作物秸秆的热喷处理制取饲料的工艺流程为：

原料预处理→中压蒸煮→高压喷放→烘干粉碎。

其主要作用原理是通过热力效应和机械效应的双重作用，首先在170℃以上的高温、中高压（$8kg/m^2$）蒸汽的作用下，破坏秸秆细胞壁内的木质素与纤维素和半纤维素之间的酯键，部分氢键断裂而吸水，使木质素、纤维素、半纤维素等大分子物质发生水解反应成为小分子物质等。然后，在高压喷放时，经过内摩擦作用，再加上蒸汽突然膨大及高温蒸汽的张力作用，使茎秆撕碎，细胞游离，细胞壁疏松，细胞间的木质素分布状态改变，表面积增加，从而有利于体内消化酶的接触。

农作物秸秆经过热喷处理加工后，牲畜的消化率可提高到50%，农作物秸秆饲料的全株采食率由50%提高到了90%以上，还可以对菜粕、棉粕进行脱毒，利用率可提高2~3倍。如果采用国内较为先进的饲料热喷机，热喷生产1t玉米秸秆饲料的成本为20~30元。

037　秸秆饲料的“膨化处理”技术与“热喷处理”技术有什么异同？

农作物秸秆的膨化处理与热喷处理的工作原理与操作，在前一部分基本相似，都是对农作物秸秆进行原料预处理→中压蒸煮→高压喷放→烘干粉碎。所不同的是，秸秆饲料的膨化处理最后还有一个降压过程。即在密闭的饲料膨化设备中，农作物秸秆饲料经过一定时间的高温（200℃左右）、高压（1500kPa以上）和水蒸气处理后，突然降压迅速排出，以破坏其纤维结构，使木质素降解，并且使结构性碳水化合物分解，从而增加可溶性成分，提高秸秆饲料的消化率。

图19　农作物秸秆膨化

038　在我国农村推广秸秆饲料的“热喷处理”和“膨化处理”技术时，应当注意哪些问题？

通过农作物秸秆的热喷处理或者膨化处理，所制成的秸秆饲料具有营养成分高、适口性好、易于被牲畜吸收消化等优点。但是，由于饲料加工的热喷设备和膨化设备的一次性投资较高，加上其生产工艺均有高温、中高压的条件，设备的安全性差，因而一般在村里不宜推广应用。如果村里在经过调查研究之后，认为村里具备开发农作物秸秆的热喷处理或者膨化处理时，也宜以村为单位组织开发与生产，操作人员也必须在上岗之前接受必要的安全生产培训。

开发秸秆能源化技术，发展和实施沼气入户工程

039 为什么说沼气入户是提高农作物秸秆燃烧和利用价值的最佳选择？

在我国农村，平均每户的秸秆拥有量超过1t。研究表明，秸秆的产气潜力为0.45m^3/kg（固含量）左右(和粪便的产气率相当)。如果把每家每户的农作物秸秆用于生产沼气，产气量可超过300m^3。一亩地的秸秆完全可以满足一家农户一年的沼气使用，每户一年可以节约煤炭费用300元，并且可以利用沼液、沼渣种植蔬菜和其他农作物，能够提高作物产量，改善农作物品质，降低生产成本，增收节支900余元。这样算下来，每家农户通过用农作物秸秆制取沼气，累计可增加收入1 200余元，经济效益较为可观。与此同时，农作物秸秆在制取沼气之后，其肥田利用价值不但没有降低，反而通过发酵、沤腐之后，沼渣、沼液的肥田效果更加显著。所以说，在我国农村大力提倡农作物秸秆制取沼气后再用于肥田，是提高农作物秸秆燃烧和综合利用价值的最佳选择。

040 为什么说沼气入户能够大大改善农村村民们的生活质量？

沼气是一种可再生清洁能源，既可以替代传统的农作物秸秆、薪柴等生物质能源，也可以替代煤炭、天然气、液化石油气等不可再生能源，而且燃烧效率明显地高于农作物秸秆、薪柴、煤炭等。由于沼气的燃烧热效率高，1座户用沼气池每年大约可替代0.8t标准煤，提供农户50%以上的生活能源。

图20 农作物秸秆制沼气既改善了村民生活质量又有了有机肥

据测试，1座容积为10m^{3}的沼气池每年可产气300m^3，年均增收节支1 200元，可保证5口之家8个月左右的炊事和照明。实践证明，使用清洁的沼气能源，改烧柴草和农作物秸秆为烧用沼气，能够较好地解决农村生活用能与生态环境保护的矛盾，确保生态环境建设成果稳得住。在广大农村地区开展户用沼气池建设后，不仅使部分农民不用再上山砍柴，女人也不再每天烟熏火燎，“解放了男人，漂亮了女人”，而且促进了农业增效和农民增收，又推动了以沼气为纽带的生态农业示范区建设。农民们高兴地说：“沼气入户的最大好处，是改变了我们村里脏乱差臭的居住环境。”

041　传统的利用农作物秸秆制取沼气的基本原理与工艺流程是怎样的？

传统的沼气制取，都是把农作物秸秆以及杂草、灌木枝条、稻壳、木屑乃至果壳果皮等农林废弃物和人畜粪尿等有机物质，在隔绝空气（还原条件）和适宜的温度、湿度下，经过微生物的发酵作用而产生沼气的。为了使农作物秸秆制取沼气的效果更好，通常都是首先把秸秆铡碎或者粉碎投放到沼气池里。秸秆铡碎（粉碎）后的长度一般为3~16mm，在厌氧性微生物的发酵作用下产生沼气。其基本流程为：

农作物秸秆铡碎（粉碎）→与畜禽粪便混合→沼气池→厌氧性微生物→发酵→产生沼气→农户使用。

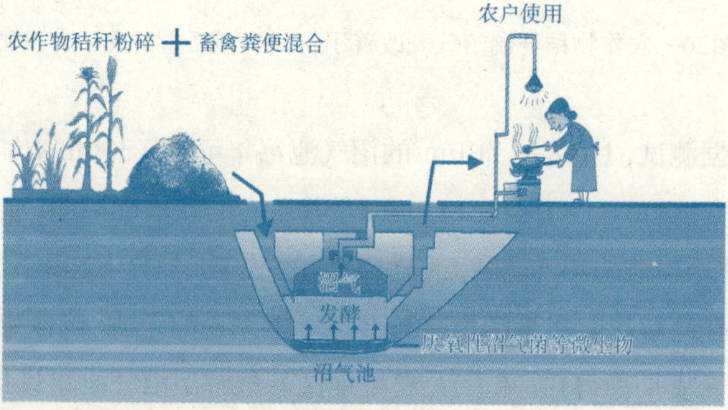

图21　农作物秸秆制取沼气的流程示意图

042 用农作物秸秆制取沼气必须注意哪些问题？

用农作物秸秆制取沼气的关键步骤，是靠沼气微生物使农作物秸秆等发酵，制沼气的微生物的适宜生存环境条件，决定了能否顺利地产生沼气。为了保证沼气的正常生产，就必须注意以下几方面的问题：

严格厌氧　沼气发酵是多种产甲烷菌(俗称“沼气菌”)共同作用的结果，这些细菌的整个生命活动都不需要氧气。相反，氧气反而对它们有毒害作用，所以沼气池要严格密闭，加水排除空气，以造成无氧环境。

营养充足　在沼气发酵料中，为了保证微生物的活力，要求碳、氮的比例以（20~30）：1为宜。因此在配料时，要使用足够的人畜粪便，使粪便与风干的农作物秸秆的比例达到2∶1。如果粪便缺乏，可以加相当于料液总量0.3%的碳酸氢铵或者0.1%尿素进行调节。

温度适宜　多数产甲烷的微生物是中温型的，最适宜的温度为25~40℃，在这个温度范围内，温度愈高发酵愈好，产沼气愈多，所以在寒冷季节应当对沼气池采取保温乃至增温措施。

酸碱度适中　沼气发酵最适宜的酸碱度pH为6.5~8.0。过酸或者过碱都会使沼气微生物的新陈代谢受到抑制，影响沼气的产量。所以在装料时及发酵过程中要注意用碳酸氢铵及石灰水等调节pH。

接种物良好　沼气池在初次装料时，需要接入发酵原料总量的10%~20%的粪坑底泥或者沼渣。

043 农作物秸秆制取沼气的"五步法"与传统的沼气生产方式有什么重大区别?

近年来,在总结我国秸秆沼气发酵研究和实践的基础上,推出了利用农作物秸秆制取沼气的新方法,其优点已被全国各地农村初步应用所证明。这种新方法可概括为"五步法",其基本要领也可以概括为20个字,即"秸秆铡碎,过圈入池(池外堆沤),干湿发酵,竹笼导气,还田循环",其中的关键是"秸秆铡碎"和"过圈入池"。

这种秸秆制沼气的"五步法"基本做法是:

先把农作物秸秆铡碎(粉碎)→放入猪舍内→靠猪的粪尿把秸秆沤腐(池外堆沤)→进入沼气池发酵→沼渣和沼液作为有机肥料还田→再补充新的农作物秸秆,实现下一个循环。

显而易见,这种制取沼气的新方法与传统的沼气生产方式相比较,关键是增加了"过圈入池"的程序。农作物秸秆经过"过圈"或者池外堆沤之后,成为已经腐熟的沼气发酵原料,从而更加有利于微生物的繁殖和活动,促使放入沼气池的腐熟秸秆更好更快地产生沼气。

044 为什么说让农作物秸秆事先"过圈入池"十分有利于沼气生产?

让农作物秸秆过圈入池或者秸秆堆沤是"五步法"的关键,也是"五步法"与传统的沼气生产方式最大的区别。我国各地利用农作物秸秆制取沼气的经验表明,铡碎的秸秆直接入池后,有时会浮在进料管处，要大量冲水才能入池，农户使用不方便。秸秆入池后往往又会浮在沼气发酵液上，产气效果也不好。过圈入池、池外堆沤的方法就是为了解决这些问题而经过不断探索逐步总结出来的。

“过圈入池”就是把铡碎的农作物秸秆进行“预处理”，即按照产气需要量放入圈舍内，由猪来完成堆沤程序。在这一过程中，铡碎的秸秆在猪舍里被尿和粪充分浸润并进行酸化，这种酸化不会产生甲烷，酸化液又会自动流入沼气池内，因此酸化时间也不必严格控制，农户很容易操作。经过酸化后的秸秆入池后会加快发酵速度和程度，即使一部分入池后上浮，也因经过预处理并且在上浮过程中有沼气微生物附着，上浮后也能进行干发酵，同样产沼气。秸秆在圈内的停留时间在夏季一般为3天左右，其余季节约为5天，时间长一点也可。由于酸化后的秸秆呈腐熟状态，更加有利于沼气微生物的繁殖和活动，促使放入沼气池的腐熟秸秆更好更快地产生沼气，所以更有利于沼气生产。

045 为什么说让农作物秸秆事先“堆沤入池”同样十分有利于沼气生产？

让农作物秸秆事先在沼气池外堆沤的方法，称为“堆沤入池”，与“过圈入池”的基本原理是相同的。即事先把铡碎（粉碎）的农作物秸秆接种复合微生物菌剂后，堆沤一段时间，使农作物秸秆腐熟后再放入沼气池里。“堆沤入池”就是在秸秆入池前粉碎成3~5cm，加入1kg复合菌剂（“绿秸灵”等）堆沤2~3天，待其产生白色菌丝后，再与适量的粪便混合加入沼气池内。为了提高产气效率，可以再加入15kg的碳铵。堆沤腐熟的秸秆更加有利于沼气微生物的繁殖和活动，促使更好更快地产生沼气。

在秸秆进行池外堆沤时，一定要注意温度的控制，不能太高也不能太低。堆沤的温度高于70℃时，甲烷菌会被烧死；温度低于12℃时，甲烷菌就会处于休眠状态不利于发酵；温度在40℃时，甲烷菌繁殖最快。所以，应当把堆沤的温度控制在35~50℃之间。具体的做法是：在风和日丽的天气，将切碎的秸秆堆沤6~7天，并且在秸秆堆上扎6~7个孔(孔径要求在3~4cm)，当堆沤的温度过高时，这些小孔能够起到散热、降温的作用。之后，再覆盖上塑料布，待秸秆出现白色菌丝即可。

046 100kg农作物秸秆可以产生多少沼气和多少热能？

秸秆是一种很好的清洁可再生能源，其平均含硫量只有3.8‰(煤的平均含硫量约为1%)。经测定，秸秆的热值约为15 000kJ/kg，相当于标准煤的50%。农作物秸秆的产气量一般是按照秸秆的干重 (含水率90%) 即每千克可产生0.35m³沼气进行计算的。按照每家农户每天约需要使用1.5m³的沼气计算，一户五六口人的农户全年都使用沼气的话，一年只需要2t左右的农作物秸秆就能够基本上满足生活燃料的需要。

按照每立方米沼气的发热量约为20kJ(即1m³沼气完全燃烧后，能产生相当于0.7kg无烟煤提供的热量)计算，100kg农作物秸秆所产生的沼气发热量约700kJ，约相当于25kg无烟煤所能够提供的热能。

047 户用沼气池的基本构造是什么样的？

农村的户用沼气池力求简易、实用、高效、易管理。沼气生产因为受温度、地质、发酵原料等因素影响较大，我国各地设计建造了许多不同类型的沼气池，其基本构造也各有不同。

按照沼气贮存的方式，可分为水压式沼气池、浮罩式沼气池和气袋式沼气池三类。

按照发酵池的几何形状，户用沼气池可分为长方形池、球形池和圆筒形池等。

按照沼气池埋设的位置，可分为地下式沼气池、半埋式沼气池和地上式沼气池等。

按照建池材料不同，可分为砖结构池、石结构池、混凝土结构池、砖和混凝土组合结构池、玻璃钢结构池、塑料结构池等。大多数农村户用沼气池多采用砖结构和砖混结构两种。

其中，适宜于大多数农村建造的户用沼气池，是埋于地下或者半埋式的圆筒形水压式常温发酵池。

水压式沼气池具有结构合理，构造简单，施工方便，经济耐用，便于推广，建筑材料可就地取材，造价低廉等优点，是我国农村建造沼气池普遍采用的一种，目前的推广数量占农村户用沼气池总量的85%以上。这种沼气池由进料管、发酵间、出料间（也称作水压间）、活动盖、导气管等部分组成。

其中，发酵间和贮气间是沼气池的主体，两者以发酵液面为界，下部为发酵间，上部为贮气间。发酵间是农作物秸秆和畜禽粪便等生物质原料进行厌氧发酵产生沼气的地方，也是积造沼肥和杀灭各种寄生虫卵的场所，两侧与进料口、出料口相通。生物质原料发酵所产生的沼气逸出发酵液面贮存于贮气间内。进料管是向发酵间投放发酵原料的通道口，它斜插于沼气池墙上或者直插于沼气池的拱盖上，一般与厕所、畜禽舍相通，以便于能够自动进料。

沼气池的出料间（水压间）是排出发酵后的沼液和沼渣的出口，形状为长方形或者圆形。当沼气池内产气时，被压出的发酵液贮存于出料间（水压间）内，使贮气间里的沼气保持一定的压力。

沼气池的顶部设有活动盖和导气管。活动盖是一个装配式的部件，密封技术要求严格，一般呈瓶塞状，上大下小，可根据需要打开或者关闭。其主要功能是在大换料时，尤其是出料、进料、维修和清除沉渣时，用于排除池内的有害气体，通风透光；当遇到导气管堵塞、气压表失灵等情况，造成沼气池内的气体压力过大时，活动盖即被冲开，从而降低沼气池内的压力，使池体得到保护；当沼气池内的发酵液表面结壳较厚时，可以打开活动盖破碎表层结壳。导气管则固定安装在沼气池顶或活动盖上，下部与贮气间相通，上部与输气管相通。

沼气池发酵间产生的沼气不断逸出，贮存于贮气间。随着气体增多，密度增加，气压随之升高，导致发酵间的发酵液面下降，出料间（水压间）液面上升，直至内外压强平衡为止，这叫做“气压水”。当用户使用沼气时，池内气压减少，出料间（水压间）的料液便返回池内，以维持新的平衡，这叫做“水压气”。这样，不断地产气和用气，池内外的液面差不断变化，始终保持内外压强平衡状态，这便是水压式沼气池的工作原理。

048　怎样引导村民因地制宜地建造沼气池？

村民在建造沼气池时，应当坚持“圆、小、浅”的原则。

“圆”　是指户用沼气池的池形以圆柱形为主，沼气池的容积为6~12m^3，池深2m左右。

“小”　是指主池的容积不宜过大。

“浅”　是为了减少挖土深度，也便于避开地下水，同时发酵液的表面积相对扩大，有利于产气，也便于出料。

由于沼气池是带有一定压力的地下或半地下建筑物，建造质量不高则会影响沼气产生量和沼气池的使用寿命。因此，村里在指导村民建造沼气池时，最好是与当地沼气建设办公室(简称“沼气办”，可向县农业局咨询)联系，由专业施工队建沼气池；或者在县沼气办工作人员的现场具体指导下，筹备原材料进行建造。

图22　沼气池最好是由专业施工队建造

新建的沼气池和大换料后保养维护的旧沼气池，都必须经过检查验收合格，方可投料使用。

049 具备什么样的条件就可以建造村落集中式的大中型沼气化工程？

在村里以一家一户的农户为单位建造户用小型沼气池是农村沼气化工程的初始阶段。毫无疑问，在农村推广使用沼气，有利于帮助农民节省农作物秸秆等生物质燃料、改善农村能源结构、改善农民生活质量，具有诸多的好处。但是，以一家一户的农户为单位建造的户用小型沼气池星罗棋布，既占地又费工费时。鉴于这种情况，国家目前正在大力提倡和推广在农村兴建集中供气沼气工程(包括养殖小区沼气工程和联户沼气工程)，并且给予十分优惠的财政扶植补贴政策。

养殖小区沼气工程　是指大中型畜禽养殖场以畜禽粪便和畜禽养殖场污水为原材料生产沼气，并且向周围的农户(以50户为一个基本单元)供应沼气使用。包括沼气发酵池和原料预处理(沉淀、调解、进出料、搅拌等装置)、沼气供气(沼气净化、储存、输配、计量和利用装置)和沼肥利用(包括沼渣、沼液处理及综合利用装置)等。据估计，一座以供气为50户的这样的沼气工程，总投资约20万元(平均每户约4 000元)。

联户沼气工程　是指多户共同建造和使用一座较大的沼气池(使用秸秆为主要原料时，以5户为一个基本单元；利用畜禽粪便为主要原料时，以10户为一个基本单元)，并且在村里建成多个联户沼气工程后集中推进。据估计，一座以供气为5户(秸秆型)的联户沼气工程，总投资约1.8万元(平均每户约3 600元)；以供气为10户(畜禽粪便型)的联户沼气工程，总投资约为3.4万元(平均每户约3 400元)。

很明显，集中供气的沼气工程(即村落集中式的大中型沼气池)总投资低于户用沼气池，而且在投入使用后管理成本低、产气率高而稳定，同时国家给予的财政补贴也高，是一件帮助农民和村里省钱省事的好事。

一般地说，具备以下条件之一，就可以在当地乡镇政府和县沼气化办公室的支持下，建造村落集中式的大中型沼气池：

一是村里建有大中型的畜禽养殖场(畜禽养殖小区)。

二是村里的农作物秸秆资源丰富，农舍是成片建造，农民们有使用沼气的积极性。

三是农户家庭的经济条件适宜，或者当地的财政补贴资金到位，以及当地的惠农贷款落实。

050 为什么说使沼气池中的沼肥“还田循环”是一举数得的事情？

使沼气池里的沼肥“还田循环”，就是指沼气发酵后的料(沼渣)、液(沼液)应当作为优质有机肥使用，沼气池的原料和渣液要有进有出。沼气发酵后的农作物秸秆不仅仅是已经杀灭虫、菌的优质农田肥料，还可以派上很多用场。通过农村沼气化，使农作物秸秆→制沼气→沼渣、沼液还田→促进农作物生长→粮食和农作物秸秆→秸秆再制沼气……实现了农业生产的循环，所以说，用农作物秸秆制沼气后，再让沼肥“还田循环”，是一物多用、一举多得的农业生态循环的好措施。

在沼气池出料时，通常要根据农事用肥的需要来进行。每座户用沼气池每年能够利用的秸秆量取决于沼气池容积与出料的情况。出料时，应当尽可能地搅动料液，以使秸秆和料液混合，然后从水压间取走。

051 沼气池中的沼渣、沼液还可以做什么用？

沼液及沼渣总称为“沼肥”。经有关部门研究分析，沼肥中的全氮含量比堆沤肥提高40%~60%，全磷含量比堆沤肥高40%~50%，全钾含量比堆沤肥高80%~90%，作物利用率比堆沤肥提高10%~20%。此外，沼液和沼渣中还含有微量元素和17种氨基酸以及多种微生物和酶类，对于促进作物和畜、禽、鱼的新陈代谢以及防治某些作物病虫害有显著作用。

其中，沼液是农作物秸秆和畜禽粪便等生物质经过沼气池厌氧发酵的液体产物。据测定，沼液中含有丰富的氮、磷、钾、钠、钙等营养元素。在农业生产中，沼液及沼渣常用于浸种、叶面施肥、防虫、喂猪、盆栽花卉和栽培柑橘、梨、西瓜、蔬菜、旱土作物及种植水稻、烤烟、花生、养鱼、栽培蘑菇、养殖蚯蚓等，在促进农民增收，实现农业无公害生产发挥着越来越重要的作用。

沼渣是生物质经过沼气池厌氧发酵的固态产物，含有丰富的氮、磷、钾、钠等营养元素和有机质、腐植酸，不仅可以满足作物生长的需要，而且对于改良土壤起着主要作用；沼渣中的未腐熟有机生物质在施入农田还会继续发酵，释放肥分。在沼肥中，沼渣的养分含量较为全面，是优质的有机肥料。沼渣单独作为基肥效果很好，若是和沼液浸种、根外追肥相结合，则效果会更佳，使农作物和果树在整个生育期内基本上不发生病虫害，从而减少化肥和农药的施用量，符合生态农业的要求。此外，沼渣可用于栽培蘑菇，作育苗、育秧的营养土，可增产10%以上。

052 利用沼渣、沼液时要注意什么？

利用沼液和沼渣时，必须选择正常产气的沼气池中的沼渣和沼液。病废池中的沼渣和沼液不能直接使用。沼气池底部的沼渣必须在太阳光下照晒几天，或者置入坑(大桶)内沤熟，使底渣中的寄生虫卵杀灭后再施用。沼液则要选择沼气池中层的纯净液。

一、利用沼液和沼渣做有机肥料时的注意事项

沼液用作农作物根外追肥喷施时，宜先澄清或者过滤浮渣，用清液喷施。沼渣一般作为基肥施用。施用沼肥时一定要注意不要过量，并且要注意不要直接施用在树木、庄稼等作物的根部，可以掺混一定的生土施用。

二、利用沼渣做蘑菇培养基或养殖蚯蚓时的注意事项

沼渣要在太阳光下晒干，并且必须把晒干的沼渣与棉壳、谷壳、碎秸秆等按照一定的比例掺混拌匀后使用。

三、利用沼渣做畜禽饲料的注意事项

用沼渣做畜禽饲料时，最好把沼渣掺拌到饲料中煮熟后再喂饲，这样既有利于畜禽消化，又可以杀灭沼渣中的细菌与寄生虫卵等，保证畜禽的健康。同时，要注意畜禽的饲喂后的状况，一旦发现有异常时则应当立即停止喂饲沼肥。

053 农作物秸秆气化与利用农作物秸秆制取沼气有什么异同？

秸秆气化广义上又称为“生物质气化”，是指农作物秸秆等生物质在缺氧状态下通过热化学反应，将农作物秸秆中的碳转化为高品位、易输送、利用效率高的可燃气体的过程。所产生的气体可供民用炊事、取暖、农产品烘干、发电等使用。

秸秆气化是在气化炉内完成的。秸秆气化与沼气等技术相比，原料更易获得，操作更加方便，投入的劳动也更少，使用成本明显低于其他常规燃料，清洁卫生，有较强的适应性。但是，秸秆气的热值低，而且在设备质量、焦油清除、气体净化等技术上尚需要提高。

054 秸秆气化炉的工作原理和工艺流程是怎样的？

我国农村目前常用的秸秆气化炉以上吸式气化炉为主，这种气化炉的燃烧适应性较广。农作物秸秆进入气化炉后，首先被干燥，然后随着温度的升高，其挥发物质析出并在高温下裂解（热解），生成固体焦炭和气体挥发分（包括一氧化碳、二氧化碳、氢气、甲烷、焦油、木酸醋和热解水等）。热解后的气体和固体焦炭在气化炉体内的氧化区与供气的气化介质（空气、氧、水蒸气等）发生燃烧反应。所生成的高温气体与高温炭层发生非均相的还原反应。燃烧生成的热量用于维持干燥、热解和下部还原区的吸热反应。燃烧后的气体经过还原区与炭层反应，便成为可燃气体，由下部抽出，去除焦油等杂质后送出使用，灰分则由气化炉下部排出。

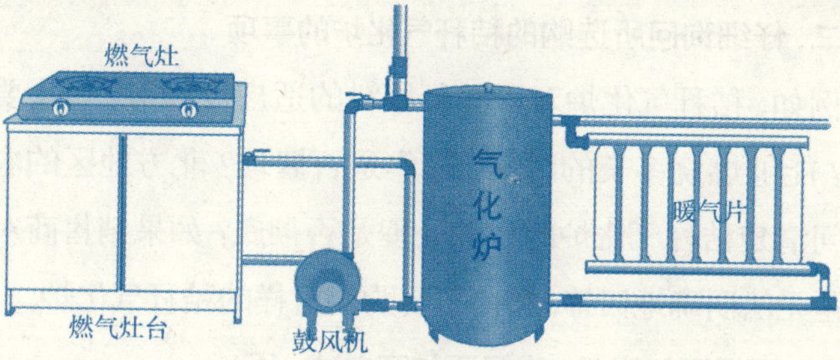

图23　秸秆气化炉的结构与原理示意图

055　在购置和使用户用秸秆气化炉时要注意哪些事项？

目前，户用秸秆气化炉属于小型锅炉或者炉灶的范畴，不同于大型的秸秆气化机组系统，迄今尚没有统一的国家标准或者行业标准，总的来说是一个有待于完善、技术上尚未完全成熟的产品，因此，究竟达到什么样的标准方能进入市场并没有明确的论断。市场上销售的秸秆气化炉质量参差不齐，农民若想选购秸秆气化炉一定要谨慎。

我国的秸秆气化炉具市场存在的主要问题，主要包括假冒专利产品；技术不成熟的产品在市场上销售，坑害农户；虚假广告满天飞，致使很多人受骗上当；以连锁加盟的方式推销技术不成熟的气化炉，收取经销商的加盟费等。因此，广大农户在选购秸秆气化炉时要注意以下事项：

一、查验生产证明

一定要看清生产企业和商家是否有相应的生产许可证和检测

合格证明，购买时一定要索要正规发票。

二、仔细询问所选购的秸秆气化炉的事项

例如，秸秆气化炉对于秸秆原料的适应性如何？一次要投多少料？能够燃烧多长的时间？操作是否繁琐？北方地区的农户尤其要问清楚秸秆气化炉的焦油处理是否彻底？如果销售商对于这些问题无法明确地回答，那么不要购买这样的秸秆气化炉。

三、耳闻不如眼见，眼见不如亲自试一下

1.购买秸秆气化炉时，应当选择全模具、流水线作业生产的产品。生产这种产品的企业一般都是规模较大、技术较为成熟的企业，质量上有一定的保障。这样的秸秆气化炉直观看来是外表统一、美观大方，喷刷的漆膜光滑而洁净，手感没有焊接的凸凹点（最好选购不刷漆的产品，因为手工制造的秸秆气化炉不刷漆就不像是个产品）。

2.亲自装料和点火试烧。这也是最为关键的一步。质量好的秸秆气化炉不用排烟，加料后1min左右即可产生可燃气，装入炉内的秸秆通常不需要粉碎，粗料、细料均可（直径为2~3cm、长度在50cm以下的秸秆均可使用）。建议要购买秸秆气化炉的农户最好是自带秸秆材料，到销售商或者生产企业的仓库里任选一台炉子，自己安装，自己装料，自己点火。若是没有烟雾和异味，烧开一大壶水用时为10~15min，这样的秸秆气化炉就可以购买。

3.多咨询。最好到已经购买使用同类型产品的农户家庭里，看看他们是怎么使用的，使用效果怎么样。

056 为什么说在有条件的农村应当鼓励修建村落集中供应秸秆燃气的秸秆气化工程？

秸秆气化集中供气工程是以自然村为单元，集全村之力建造一座秸秆气化站，安装大中型的秸秆气化机和储气柜，并铺设管网，把产生的秸秆燃气输送到村子里的各家农户使用。

秸秆气化工程主要包括生物质原料处理设备(铡草机)、上料装置、秸秆气化机组、鼓风机、储气柜、安全装置、烟尘净化的两级旋风除尘器、管式除湿冷却器、除焦油的箱式过滤器和输气管网、燃气灶具等设备，包括土建施工和安装调试费用总计约需80万元。对于经济条件一般的农村来说，这也是一笔不小的经费。但是从长远发展来看，这又是一笔值得投入的资金。

为了创造在村子里建造集中式的秸秆气化工程的条件，可以从以下几个方面入手：

做好规划与论证 建造集中式的秸秆气化工程必须纳入当地农村小型基础设施建设项目的规划中。村里要从建设集中式秸秆气化站前期的规划设计的技术、经济论证工作入手，在总体规划、设备选型与市场调查、站址用地、管线用地、经营能力等方面认真进行论证。

多渠道筹集资金 建造一座秸秆气化站的费用不菲，需要从多渠道筹集必需的资金才能够办成这件大事。建设资金可以采取村里拿一部分、动员各家农户按照入股形式出一部分、争取县里的农村小型基础设施建设项目补助资金补贴一部分的方式凑齐。与此同时，村里可争取在站址用地、管线用地、经营税收等方面获得减免和资金支持。

选好设备，强调专业安装和管理 集中式的秸秆气化工程除了站内建设之外，还要帮助村里的农户逐一配置专用灶具(低热值燃气灶、低热值燃气热水器)和活性炭燃气滤清器、燃气流量表等。秸秆气化站的各种设备一定要货比三家、精心挑选。秸秆气化的建设和管理都需要有专业技术强的专业人员与队伍，秸秆气化机组等设备的安装调试一般都由具有资质的设备生产供应厂商负责，而建成后的售后服务和设施维护维修则是村里的长期任务，所以要在建站伊始就要选拔和培训村里自己的专业技术人员与经营管理人员，建立相应的安全生产、经营核算、售后服务等一系列以问责为主的规章制度，确保秸秆气化站能够长期、安全、优质运营。

把农作物秸秆制成固体生物质燃料

057 什么是固体生物质燃料？

固体生物质燃料也叫做“生物质固化成型燃料”、“生物质致密成型燃料”，是将农作物秸秆、稻壳、木屑等农林废弃物粉碎后，送入成型器械中，在外力作用下压缩成需要的形状，然后作燃料直接燃烧；也可进一步加工，形成生物炭。在国外，该生产方法已经成熟，我国研究和开发出的生物质固化成型机也已应用于生产，生产出来的固体生物质燃料也已应用于取暖和小型锅炉。

058 烧用固体生物质燃料比直接烧用农作物秸秆有什么好处？

目前，我国采用的生物质固化成型燃料的形状主要有棒状、块状和颗粒状。一般是把粉碎后的农作物秸秆通过颗粒成型机直接压制，把秸秆、木料残渣等转化成大小一致的生物质颗粒。经测定，该类燃料排放的污染物低于煤，是一种高效、洁净的可再生能源。生物质能源固化成型技术能够提高生物质单位容积的重量和热值，其燃烧效率超过80%（超过普通煤燃烧约60%的效率），燃烧效率高，产生的二氧化硫、氨氮化合物和灰尘少，减少了空气污染和二氧化碳排放，而且方便运输和储藏，从而实现商品化，具有良好的环境效益和社会效益。

059 为什么说利用农作物秸秆开发固体生物质燃料是帮助农民致富的一条好途径？

利用农作物秸秆开发、生产生物质固化成型燃料，可以大幅度地提高秸秆燃料的燃烧效率。烧用生物质固化成型燃料和烧煤差不多，但是其含硫量、灰分等污染物要比烧煤少得多，而且由于农作物秸秆来源广、制作生物质固化成型燃料较容易、成本低，因而其价格也比煤炭低，是农村工业企业和城镇、城市郊区的锅炉、工业窑炉等烧用煤炭的替代品。把农作物秸秆制成生物质固化成型燃料，运输和储藏都很方便，从而为这类产品商品化奠定了基础。

图24 利用农作物秸秆开发固体生物质燃料是帮助农民致富的一条好途径

因此，在农作物秸秆产量大的农村地区，利用农作物秸秆生产生物质固化成型燃料，既是国家所提倡的合理开发利用农作物秸秆的重要项目，又可以使农作物秸秆增值，所以是帮助农民通过综合利用农业废弃物致富的好门路。

060 怎样指导和帮助农民制作商品固体生物质燃料？

在农作物秸秆及其他农业废弃物资源丰富的农村，制作固体生物质燃料除了供农户烧用之外，还可以作为一种农业废弃物资源综合利用和循环农业经济的手段与渠道，指导和帮助农民制作商品化固体生物质燃料。

在兴办商品固体生物质燃料生产企业时，要注意以下几点：

选好设备 我国自主开发的固体生物质燃料生产机械(秸秆成型机)生产企业很多，产品质量参差不齐，而且这种产品经过不断改进与优化之后，已经发展为第三代产品了。在选购秸秆成型机时，一定要多看看(货比三家，看看已经购买者使用的效果，看看生产企业的实力)、多问问(详细咨询，尤其要询问价格、保修期、易损件的价格及是否有产品保险等)。

选择生产适销对路的产品 固体生物质燃料的种类多，既有颗粒状的，也有棒状、块状的。在购买设备和投产前，应当先打听市场行情，看看哪种类型的固体生物质燃料最抢手、最好卖，然后再决定投产。所购买的秸秆成型机也尽量选择多种成型模具的，以便当市场需求有变化时，能够迅速调换成型模具生产出新产品来。

061 为什么说引导村民共同在村里办一座固体生物质燃料加工厂更加好一些？

目前，我国市场上一台秸秆成型机的售价为3万~5万元，在经济条件较差的农村也是一笔不小的数目。因此，在村子里采取入股集资的办法，全村只办一座固体生物质燃料生产厂较好。这样既有利于筹集建厂资金，又可以避免村里的农户们盲目发展、重复建厂和恶性竞争。

062 怎样指导和帮助农民把固体生物质燃料推向市场，形成新型的农村工业？

批量化生产固体生物质燃料，关键是看市场、找市场、打开市场。在这方面，可以从以下几个方面入手：

一、立足于本村需要

兴办固体生物质燃料生产厂，首先要着眼于本村农户们的需求。要把建厂与在农村推广生物质资源固体化、改善农村燃料结构、农业废弃物综合利用有机地结合起来。要把本村农户们的需求总量作为第一市场来开辟，并且作为建厂规模与设备规格决策的主要依据。与此同时，邻村或附近乡镇的农户都是推广固体生物质燃料的对象，可以拿一部分固体生物质燃料让他们试烧，来激发其使用和购买的意愿。

二、多渠道进行市场调查

可以通过走访、亲友关系及互联网等进行固体生物质燃料的市场调查。市场调查的对象应当侧重于那些有中小型燃烧设备的客户(例如饭店、副食品加工厂、有中小型锅炉的企业或单位等)，尤其是那些已经购置了秸秆气化炉的用户，都是固体生物质燃料的潜在客户。村里可以拿着自家生产出来的固体生物质燃料上门宣传与推荐，甚至可以拿一部分固体生物质燃料让他们试烧，若对方满意就尽量促成签订购销合同。

三、开展必要的广告宣传

对于现代化的市场营销来说，对于自家的产品进行必要的广告宣传十分重要。有条件的农村可以印制一些固体生物质燃料产品宣传资料，对潜在客户和农户进行散发，并且注意信息反馈。

让农作物秸秆“变”成增值的蘑菇

063 为什么说利用秸秆栽培食用菌是引导和帮助农民利用农业废弃物致富的好门路？

在农作物秸秆中，含有蘑菇等食用菌生长所需要的碳、氮及矿物质等营养素，通过机械粉碎就可以作为培养食用菌的基料。

图25 利用农作物秸秆栽培食用菌是农民致富的好门路

利用农作物秸秆栽培食用菌，在我国已经有较成熟的配方和管理工艺，投资少、见效快，技术要求不高，不受季节和自然条件限制，而且市场上对于蘑菇等食用菌的需求量一直很大，因而能够大量利用农作物秸秆等农业废弃物，帮助农民从中获得较高的收益，成为近年来农民致富的好门路。

064 利用秸秆栽培食用菌时必须注意哪些事项？

目前，我国农村利用农作物秸秆栽培蘑菇等食用菌的技术和配方都比较成熟，简单易学，而且可以生产的品种有平菇、香菇、金针菇、白蘑菇、白木耳、黑木耳以及兼有药用价值的猴头菇、灵芝等二十多种。但是，蘑菇等食用菌属于食品类产品，因而对于食品卫生有一定的要求。同时，食用菌的菌种接种和繁育，对于培养基和生长环境的要求也比较苛刻。所以，利用农作物秸秆栽培食用菌时，必须注意以下事项：

卫生与环境条件 栽培食用菌的村民应当学习和熟悉《食品安全法》。患有传染性疾病的村民不能直接参加食用菌的栽培。栽培食用菌的场地要事先进行卫生消毒处理，并且保持清洁卫生、潮润而且通风良好的环境。

严格选好原料 栽培食用菌用的农作物秸秆，应当选择新鲜、未淋雨、无霉变的农作物秸秆，绝对不能使用发霉、变质的农作物秸秆。否则，食用菌难以成活生长，即便长出来其质量也极差，难以在市场上销售出去。与此同时，培菌用的水也要洁净。

认真进行配方 如果单独使用农作物秸秆作为栽培食用菌的基料(即“培养基”)，往往由于营养成分不足而难以培养出优质的蘑菇等食用菌来，还需要掺加其他营养物质(例如麦麸、豆饼、鸡粪、牛粪和尿素等和石灰粉消毒剂)。我国农业科学研究工作者根据不同的食用菌种类和不同的农作物秸秆种类，经过反复实验已开发出针对性强的各种配方。村民们在利用农作物秸秆栽培食用菌时，应当按照这些业已成熟的配方操作。

065 怎样利用农作物秸秆栽培草菇？

草菇也称为“兰花菇”、“苞脚菇”，原产于我国，性喜高温高湿，通常在半腐熟的秸秆上生长，是如今在市场上常见的一种食用菌。草菇是典型的草腐菌，其菌丝体生长的适宜碳氮比为20∶1，子实体生长的适宜碳氮比为30～40∶1。在利用农作物秸秆生产草菇的过程中，除了农作物秸秆外，应当多添加麦麸、豆饼、鸡粪等有机成分和尿素、硫酸铵等化学肥料来进行调整碳氮比例，使草菇生长有足够的营养和适宜的条件。

图26 利用农作物秸秆栽培的草菇

原料选择 栽培草菇宜选用麦草、稻草。

配方一 麦草180kg，牛粪粉50kg，麦麸20kg，过磷酸钙8kg，尿素1.2kg，石灰粉15kg，石膏粉6kg，三维精素（拌料型）1袋。

配方二 稻草200kg，麦麸50kg，过磷酸钙9kg，尿素1.5kg，石灰粉16kg，石膏粉8kg，三维精素（拌料型）1袋。

基料处理 以麦草、稻草为培养基原料时，不需要进行堆沤发酵处理，只要将原料充分泡透水，即可直接铺料播种。基本方法是选择新鲜、未淋雨、无霉变的麦草或者稻草，投入水池，并且按照麦草或者稻草重量的2%撒入石灰粉，然后灌水至没过秸秆，约2天即可泡透。取出后引入菌种培养即可。

066 怎样利用农作物秸秆栽培平菇?

平菇又叫做“侧耳”、“糙皮侧耳”、“蚝菇”、“黑牡丹菇”，台湾地区称为“秀珍菇”，是担子菌门下伞菌目的一种常见的灰色食用菇。平菇的营养供给主要包括碳素、氮素、无机盐和生长因素。使用农作物秸秆培养平菇时，玉米芯、木屑、秸秆、棉籽壳等含有的碳素物质足以满足其菌丝生长的需要。

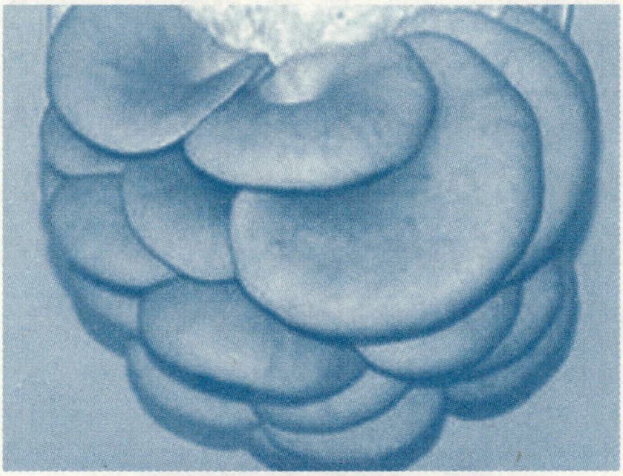

图27 利用农作物秸秆栽培的平菇

原料选择 栽培平菇宜选用玉米芯。

配方一 玉米芯250kg，豆饼粉10kg，石灰粉8kg，石膏粉4kg，过磷酸钙5kg，尿素1.5kg，三维精素（拌料型）1~2袋。

配方二 玉米芯150kg，豆秸粉100kg，豆饼粉8kg，石灰粉

8kg，石膏粉5kg，过磷酸钙5kg，草木灰5kg，三维精素（拌料型）1~2袋。

基料处理 以玉米芯作为培养基原料时，最好先经过太阳光暴晒，然后进行发酵处理后，再植入菌种即可。

067 怎样利用农作物秸秆栽培姬松茸蘑菇？

姬松茸又名“巴西蘑菇”，原产于巴西、秘鲁，是一种夏秋季生长的中温偏高型腐生菌，生活在高温、多湿、通风的环境中，其菌盖呈半球形至扁圆形，直径5~11cm；菌肉肥厚，具有杏仁香味，口感脆嫩。姬松茸菌盖嫩，菌柄脆，口感极好，味纯鲜香，食用价值颇高。可食用部分每100g干品中含粗蛋白40~45g、可溶性糖类38~45g、粗纤维6~8g、脂肪3~4g；在蛋白质组成中包括18种氨基酸，人体必需的8种氨基酸齐全，还含有多种维生素和麦角甾醇。其所含甘露聚糖对于抑制肿瘤（尤其是腹水癌）、医疗痔瘘、增强精力、防治心血管病等都有疗效。生产中以稻草、麦草及牛粪等作为主要的碳、氮来源，适当添加辅料以调整其碳氮比，以便菌丝能易于分解和吸收利用。

图28 利用农作物秸秆栽培的姬松茸（巴西蘑菇）

配方一 麦草3 500kg，牛粪2 000kg，豆饼150kg（或棉籽

饼260kg)，过磷酸钙90kg，石膏粉60kg，碳酸钙50kg，石灰粉50kg，尿素20kg，硫酸铵20kg（或折合尿素10kg），三维精素（拌料型）10袋。

配方二 稻草4 500kg，鸡粪1 500kg，过磷酸钙110kg，尿素50kg，棉籽饼80kg，石灰粉80kg，石膏粉80kg，碳酸钙100kg，三维精素（拌料型）10袋。

基料处理 利用农作物秸秆培育姬松茸的工序比培育草菇、平菇要麻烦一些，需要按照下列步骤进行：

1.原料预湿：麦草类秸秆可浸泡于2%的石灰水中24h；或者铺一层草料浇一次石灰水，重复进行，直到将秸秆湿透。

2.预堆处理：预堆的目的是使秸秆料充分吸水并且进一步软化，自身体积进一步缩小。其方法是将预湿的秸秆料堆成宽、高各1.5m左右的料堆，并且维持3天时间，使其达到最大的持水量初步产热。

3.前发酵：按照一层草、一层粪码堆，使之成为宽、高各1.5m的长条形料堆，分别于5天、4天、3天后进行3次翻堆，“三翻”2天后，喷入三维精素，即可进棚，进入二次发酵程序。

4.后发酵：将上述基料移入菇棚后，往棚内通入100℃的蒸汽，使棚温快速升高达60℃时，维持6h即可；保温阶段可维持5天左右，使棚温保持在50～52℃；此后即通过白天覆盖草苫遮阴、晚间揭草苫降温的方式，迫使培养基料的温度快速降至30℃以下，然后即可进行植入菌种。

068 怎样利用农作物秸秆栽培姬菇？

姬菇属于平菇的一个种类，其体形细瘦，原产于日本。在实际栽培中，是凡含有纤维素、半纤维素、木质素的农副产品下脚料和农业废弃物，例如棉籽壳、木屑、棉绒、玉米芯、甘蔗渣等，都可以作为姬菇的栽培原料，一般调整碳氮比在25∶1左右即可满足其生长需求。

图29 利用农作物秸秆栽培的姬菇

配方一 棉籽壳100kg，玉米芯100kg，麦麸50kg，过磷酸钙5kg，石灰粉5kg，尿素0.6kg，食用菌三维营养精素（拌料型）1袋。该配方适宜熟料栽培。

配方二 棉籽壳100kg，麦草50kg，棉秆粉50kg，豆秸20kg，麦麸、玉米粉各15kg，豆饼粉5kg，石灰粉5kg，过磷酸钙5kg，菇病消5袋，食用菌三维营养精素（拌料型）1袋。该配方适宜熟料栽培。

配方三 玉米芯、棉秆粉、豆秸各70kg，棉籽壳40kg，豆饼3kg，石灰粉8kg，石膏粉6kg，过磷酸钙5kg，食盐1kg，菇病消5袋，食用菌三维营养精素（拌料型）1袋。该配方适宜于发酵料栽培。

配方四 棉籽壳250kg，过磷酸钙5kg，石灰粉5kg，石膏粉

4kg，尿素1kg，食用菌三维营养精素（拌料型）1袋。该配方适宜于生料栽培。

基料处理

1.直接用生料或者熟料栽培时，把全部原\辅材料一次性加水拌匀，即可装袋，分别进行播种或者杀毒灭菌。

2.在发酵料栽培时，留出50%的石灰粉和三维精素，余料全部拌匀后建堆发酵，第二次翻堆时将石灰粉加入，完成发酵后，将三维精素均匀喷入，即可装袋播种。发酵正常的基料不酸、不臭、不黏，有发酵料特有的香味，颜色为茶褐色或深褐色，pH值在8左右。

069 怎样利用农作物秸秆栽培杏鲍菇？

杏鲍菇又名“刺芹侧耳”、“干贝菇”，是近年来开发栽培成功的集食用、药用、食疗于一体的珍稀食用菌新品种。其菌肉肥厚，质地脆嫩，特别是菌柄组织致密、结实、乳白，可全部食用，而且菌柄比菌盖更脆滑、爽口，被称为“平菇王”、“干贝菇”，具有愉快的杏仁香味和如鲍鱼的口感，还具有降血脂、降胆固醇、促进胃肠消化、增强机体免疫能力、防止心血管病等功效，极受人们喜爱，市场价格比平菇高3~5倍。

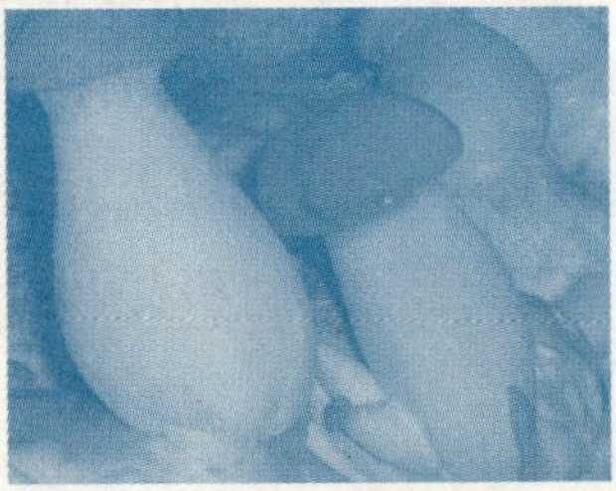

图30 利用农作物秸秆栽培的杏鲍菇

杏鲍菇的调配基质碳氮比在20:1左右时菌丝活力明显增强，杏鲍菇的产量也随之提高。在实际生产中，可将棉籽壳、木屑等作为主要原料，调配氮源时以麦麸等作为主要辅料，以降低生产成本，并同时提高菌丝的生长速度及其活力。

配方一　棉秆粉200kg，麦麸、玉米粉各25kg，过磷酸钙8kg，轻质碳酸钙3kg，石膏粉、石灰粉各4kg，尿素0.6kg，磷酸二氢钾1kg，三维精素（拌料型）1袋。

配方二　棉秆粉150kg，木屑50kg，麦麸30kg，玉米粉20kg，豆饼3kg，蔗糖2kg，过磷酸钙8kg，轻质碳酸钙、石膏粉各4kg，石灰粉6kg，磷酸二氢钾1kg，尿素0.6kg，三维精素（拌料型）1袋。

按照上述配方之一配好培养基料，一起混合拌匀之后，即可植入菌种。

070　除了农作物秸秆之外，农村还有哪些农业废弃物可以用来栽培蘑菇等食用菌？

由于蘑菇等食用菌大都是腐生菌，只要温度、湿度适宜，在任何腐生的生物质环境中都能够很快地分裂菌丝、发育生长。蘑菇的品种很多，因此人工养殖蘑菇所使用的培养基原料也不相同。除了玉米芯、麦秸、稻草、玉米秸秆、棉秸秆、甘蔗渣、作物藤蔓等农作物秸秆之外，大致还有木屑、棉籽壳、林果枝条以及麦麸、米糠、畜禽粪便等多种农副产品下脚料和农业废弃物。

图31　利用农业废弃物栽培的食用菌品种有许多

071　怎样指导和帮助农民面向市场打开蘑菇等食用菌的销路？

利用农作物秸秆等农业废弃物培育蘑菇等食用菌固然是帮助村民致富的好途径，但是蘑菇等食用菌是一类商品，需要市场化运作得当，才能够把蘑菇等食用菌卖出去换回钱来，真正达到增收致富的目的。

在面向市场打开蘑菇等食用菌的销路上，建议可以从以下几个方面着手：

一、质量第一是关键

蘑菇等食用菌属于食品，因此必须符合卫生标准和要求，产量质量必须好，要求新鲜。要教育村民在蘑菇等食用菌上市时，千万不可以喷水以增加重量，那样做反而会影响蘑菇等食用菌的表面感观和质量，甚至还会迅速腐烂。

二、打“有机牌”、“绿色牌”，抢占市场先机

在食品污染日趋严重的今天，有机食品、绿色食品日益受到消费者尤其是城市消费者的喜爱，产品也相应走俏。因此，有条件的农村应当积极引导和帮助村民发展有机农业或者绿色食品生产，尽早使培育出来的蘑菇等食用菌获得认证，从而可以更加保证产品质量，成为抢占市场的有利条件。

三、建立产、供、销“一条龙”体系

当村里利用农作物秸秆等农业废弃物培育蘑菇等食用菌形成一定规模时，村里一方面可以试行“分散生产，集中代销”，统一把村民们各自生产的蘑菇等食用菌运往市场销售。另一方面，也可以创造条件，与城里的农贸市场、餐馆饭店、投资商合作，建立长期的定点供货关系或者预付款包销批发关系。

四、村办干蘑菇等食用菌加工厂

在村里大规模生产蘑菇等食用菌后，村里可以通过集资筹资办一座干蘑菇等食用菌加工厂，把村民们生产的蘑菇等食用菌通过烘干、风干等工序制成干品，加以有商标的包装送往市场销售。

多渠道开发
农作物秸秆工业化利用技术

072 农作物秸秆可以制造哪些工业产品？

当前，农作物秸秆的工业化利用非常广泛，已经广泛地运用于建材、轻工和纺织行业。例如，用农作物秸秆生产可降解型包装材料，具有安全卫生、体小质轻、无毒、无臭和通气性好等特点；将粉碎后的农作物秸秆按一定的比例加入黏合剂、阻燃剂和其他配料，进行机械压制与恒温固化，可以制成轻质建材；此外，农作物秸秆还可用于生产酒精、淀粉、糠醛、木糖醇、羟甲基纤维素和造纸等行业。

073 为什么说村里不能兴办利用农作物秸秆造纸的小造纸厂？

造纸术是我国的“四大发明”之一。从两千多年前的汉代蔡伦(湖南耒阳人)发明了造纸术之后，我国大江南北绝大多数造纸厂都用农作物秸秆作为纸浆原料。但是，由于在造纸生产中仅仅提取、利用了农作物秸秆中的纤维素部分，其余约60%的天然有机物和制浆过程中加入的碱水一起成为有害的黑液排出。这些污水大多数未经处理直接流入江河，不仅造成了资源的极大浪费，而且因为其中含有大量难以降解的物质，成为我国江河水系污染的一大公害。一般的小造纸厂由于规模小、资金不足，难以修建造纸黑液和造纸废水的处理设备等环境保护设施，尤其是在农作物秸秆资源丰富的地区，农村的小造纸厂所造成的环境污染已经达到了触目惊心的地步。国家三令五申，把小造纸厂列为禁止兴办的“十五小”企业之一。因此，村里应当遵守国家法令，不能兴办利用农作物秸秆造纸的小造纸厂。村里富余的农作物秸秆资源，可以卖给大型的造纸企业。

074 什么是农作物秸秆建材化？

秸秆建材化利用主要是用农作物秸秆生产墙体材料和木工板材。在有条件的农村，可以用农作物秸秆和工业废渣为主要原料，生产具有国内先进水平的新型绿色建材——硅钙秸秆轻体墙板。这种材料的整个工艺流程省水、节电，并且没有废物排出，生产的产品具有防火、防潮、耐压、抗震、隔音、无毒无害、节省空间、安装运输方便等优点，可以替代木材、石膏、玻璃钢等其他建筑材料，适用于高低层建筑物的内墙设施。据估计，目前我国的内隔墙材料总需求量大于10亿平方米，而绿色环保墙体材料的供给能力不足1%，可见市场潜力之巨大。

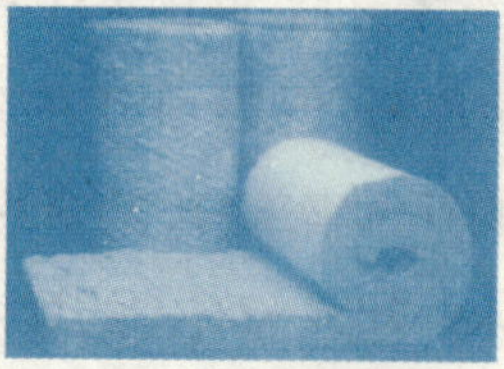

图32　利用农作物秸秆制成的内墙保温新型建筑材料

秸秆板材是以农作物秸秆为主要原料，综合物理、化学、机械、液压等加工技术原理，利用高压模压机械设备，把经过特殊处理后的秸秆纤维与树胶混合物在金属模具中加压成型，制成各种密度的高质量纤维板材，再在其表面加压和化学处理，可用于制作装饰板材和一次成型家具。由于农作物秸秆的来源广泛、价格低廉，因而用农作物秸秆生产出来的这类板材制品，不仅具有高强度、耐腐蚀、不变形、不开裂、防火阻燃、美观大方等优点，而且价格低廉，深受用户及消费者的欢迎。

075 在农村兴办农作物秸秆工业化综合利用企业时必须注意哪些问题？

在农村兴办农作物秸秆工业化综合利用企业的投资较大、具有一定的技术性和难度，而且还会产生一定程度的环境污染，因此办厂时必须注意以下事项：

集资办厂好 办一座农作物秸秆综合利用加工厂，仅购置生产设备和土建就需要几万元乃至几十万元，在经济条件较差的农村是一笔不小的数目。因此，在村里采取入股集资的办法，全村只办一座同类型的农作物秸秆综合加工生产厂较好。这样既有利于筹集建厂资金，又可以避免村里的农户们盲目发展、重复建厂和恶性竞争。

必须注意搞好污染防治 建厂前要慎重选址，并且依照我国的环境保护法规做好环境影响评价，还要配套建造相应的污染防治设施，同时投入使用，避免出现“建了一个厂，污染一个村”的现象。

注重市场调研，避免盲目上马 利用农作物秸秆生产出来的各种产品都必须走上市场。因此，在办厂前要注重市场调研，了解打算生产的产品是否有很好的市场销路，千万不要“一窝蜂”盲目上马。

076 怎样利用农作物秸秆制作人造纤维板？

人造纤维板属于人造木质板材中的一大类(其他两大类是细木工板和胶合板)，是以农作物秸秆的植物纤维为原料，经过纤维分离、施胶、干燥、铺装成型、热压、锯边和检验等工序制成的板材，是人造板的主导产品之一。人造纤维板按照其密度的不同，可分为硬质纤维板、高密度纤维板、中密度纤维板和软质纤维板，其性质与原料种类、制造工艺的不同有很大差异。纤维板广泛用于建筑和家具生产等行业，也可用作包装材料。

利用农作物秸秆生产的人造纤维板包括秸秆碎料板和秸秆定向板、秸秆纤维板、草木复合纤维板等。其制作工艺基本如下：

秸秆碎料板 是以麦秸或者稻草为原料，采用类似于木质刨花板生产工艺的方法制造的板材。秸秆碎料板的生产主要有以下两个显著特点：一是原料的形状为碎料状，二是多采用异氰酸酯胶黏剂。

秸秆定向板 也是以麦秸或者稻草为原料，采用的也是异氰酸酯胶黏剂，但是与秸秆碎料板不同的是，需要使用专用机械把麦秸或者稻草原料加工成80～100mm的秸秆纤维，然后通过定向铺装机铺装，并且经热压制成结构性板材。

秸秆纤维板 是以麦秸和稻草为原料，采用热磨的方法将秸秆原料分离成纤维，施加脲醛树脂后经过热压而成的一种产品，其性能可以达到木质中密度纤维板标准的要求。其生产具有以下特点：一是原料形态为纤维，二是采用的是脲醛树脂(由于采用脲醛树脂，因此也就带来了普通木质纤维板所具有的甲醛释放问题)。

草木复合纤维板　是用50%的木材和50%的农作物秸秆原料混合，采用热磨的方法将原料分离成纤维，然后施加脲醛树脂胶，热压制板。这种方法使纯粹使用农作物秸秆为原料的工艺技术难度大大降低，施胶量也有所下降。

077　利用农作物秸秆制作人造纤维板时应当注意哪些事项？

利用农作物秸秆生产人造纤维板的投资较大，而且具有一定的技术性和难度，并且还会产生一定程度的环境污染，因此办厂时必须注意以下事项：

集资办厂好　办一座农作物秸秆纤维板厂，仅购置生产设备和土建就需要十几万元乃至几十万元。因此，在村里采取入股集资的办法，全村只办一座同类型的纤维板厂较好。这样既有利于筹集建厂资金，又可以避免村里的农户们盲目发展、重复建厂和恶性竞争。

图33 最好是村里集资办厂利用农作物秸秆制作人造纤维板

必须注意搞好污染防治 纤维板厂的污染较大，因此在建厂前要慎重选址，依法做好环境影响评价，并且要配套建造相应的污染防治设施，同时投入使用。

注重纤维板的质量和甲醛释放量 纤维板属于人造木质板材的范畴。目前常用的秸秆纤维板的生产技术主要是使用农作物秸秆和胶黏剂并热压成型。在便宜的胶黏剂中，最常用的是脲醛树脂胶。而在使用脲醛树脂胶之后，就会带来了普通木质纤维板所具有的甲醛释放问题。从2002年起，国家就颁布实施了关于限制人造板材中的甲醛释放量的强制性国家标准，甲醛释放量超标的纤维板属于不合格产品，禁止在市场上销售和使用。因此，用农作物秸秆生产纤维板除了必须保证产品质量外，还必须注意甲醛释放量。而要降低纤维板的甲醛释放量，就必须换用价格高的其他胶黏剂，势必会增加成本、提高售价，削弱了市场竞争力。这些都是在办厂前要慎重对待的。

078 怎样利用农作物秸秆和废旧塑料制作秸秆纤维——塑料复合板材料？

秸秆纤维——塑料复合材料是木塑板生产材料的改造型板材。木塑板材的主要成分是废弃的边角木粉、碎木和渣木，与塑料粉在高温高压条件下挤压成型，具有良好的刚度和韧性，能够钉、钻、磨、锯、刨、漆，而且不易变形，防龟裂，是家具业、室内装饰业、包装业、车船内部装饰业以及未来的木质房屋建筑业首选的绿色环保板材。而秸秆纤维——塑料复合板则是以农作物秸秆纤维代替木材纤维为基本原料，通过与塑料粉（主要是废塑料）的混合挤压生产出的一种新型复合材料。同木塑复合板一样，秸秆纤维——塑料复合材料也吸收了两种材料的优点，克服了彼此的缺陷，因而是一种性能优良的新型材料。

图34　利用农作物秸秆制作的木塑复合材料和木塑托盘（右）

早在2003年，国家发改委就将木塑材料列入了“国家高技术产业化新材料专项项目”。利用农作物秸秆替代木材生产秸秆——塑料复合材料，则是更有利于降低这类复合材料的生产成本和节约木材。据测定，1t秸秆——塑料复合材料可替代木材2.5m^3，大约是1亩土地上速生林1年的最大成材量。与此同时，秸秆——塑料复合材料的生产成本仅为使用高级木材的30%~60%。

秸秆——塑料复合材料的生产方法其实并不太复杂。是将粉碎处理后的农作物秸秆用表面处理剂处理后，再与塑料粉粒一起加热熔融混合；也可根据需要同时添加一些能够改良产品性能的助剂，例如增溶剂、偶联剂、润滑剂、发泡剂、着色剂、防菌剂、紫外线稳定剂等，然后用压板机压制成板材，或者用挤出机或注塑机直接成型即可。

目前，国际上应用最广泛的产品是木塑托盘，欧洲和北美的木塑托盘已占了近一半的市场份额。我国目前托盘年需求量约为1亿个，预计到2015年将增长到2亿个。因此，利用农作物秸秆生产秸秆——塑料复合材料的托盘也是市场潜力巨大的一个项目。

079 为什么说农作物秸秆曾经是我国最古老、最原始的房屋建筑材料？

在我国唐代著名诗人杜甫的《茅屋为秋风所破歌》里，有这样的诗句："八月秋高风怒号，卷我屋上三重茅。茅飞渡江洒江郊，高者挂罥长林梢，下者飘转沉塘坳。"这首诗里所提到的"茅"，即属于农作物秸秆之一的茅草，早在古代就是代替瓦铺在屋顶上的建筑材料。在我国农村常见这类茅屋，以及用铡碎的农作物秸秆和泥土制成的土坯墙体。

图35　利用秸秆建成的茅屋

人们早就发现，农作物秸秆中的纤维质既可以作为房屋的覆盖材料，又可以作为土坯砖的加强材料，并且在大江南北得到了广泛应用，成为我国古代最早的一大类房屋建筑材料。

080　什么是新型墙体建筑材料？

“新型墙体材料”的概念是相对于传统的墙体材料黏土实心砖而提出的，是我国在墙体材料改革时期出现的专门名称。新型墙体材料泛指传统使用的实心黏土砖以外的各类墙体材料，包括非黏土制品、废渣掺入量达到规定的报废制品及孔洞率达到规定的黏土实心制品等。与实心黏土砖相比，新型墙体材料具有节能、节土、利废、轻质、高强、施工效率高、改善建筑功能及保护环境等优点。新型墙体材料产品同样具有符合建筑功能要求的技术性能，例如轻质、高强、保温、隔热等。

我国目前常见的新型墙体材料有砖、砌块、墙板三大类共二十多个品种，目前常用的有陶料砼砌块、普通砼砌块、加气砼砌块、灰砂砖、烧结页岩砖、烧结空心砖、粉煤灰砖。主要有：

砖块类 主要有空心砖、煤矸石砖、页岩砖、粉煤灰砖、灰砂砖等。

砌块类 主要有普通混凝土砌块、轻质混凝土砌块、加气混凝土砌块、石膏砌块等。

墙板类 主要有玻璃纤维增强复合材料(GRC板)、石膏板、各种纤维增强墙板、复合墙板等。

目前，我国的新型墙体材料占全国建筑物墙体材料总量的比重已经上升到约60%。随着国家对于农作物秸秆综合利用开发的重视，在玻璃纤维增强复合材料(GRC板)、石膏板、各种纤维增强墙板、复合墙板等板类新型墙体材料的制作中，农作物秸秆将逐渐成为主导性的替代原材料。

081 怎样利用农作物秸秆制作新型墙体建筑材料？

把农作物秸秆用作墙体建筑材料的基础，是秸秆优良的保温性能。目前，利用农作物秸秆生产的新型墙体建筑材料，主要有模压秸秆墙体材料、挤压秸秆墙体材料、秸秆轻质保温内衬材料和定向结构板组合墙体材料等。世界各国利用秸秆制造人造板的工艺流程，可归结为集成工艺法和碎料板工艺法两种。

集成工艺法 利用秸秆制造人造纤维板的工艺流程为：

农作物秸秆→拆捆→清除杂质→加热挤压→粘贴保护再生纸(可加玻璃纤维层)→切割封边→成品板。

这种工艺的原材料为水稻、小麦秸秆，加工过程不需要黏结剂，成品板厚度为20~80mm，主要用作墙体材料(如乡村建房)，以代替黏土砖。

碎料板工艺法 利用秸秆制造人造纤维板的流程为：

农作物秸秆→拆捆→粉碎→清除杂质→研磨→与MDI(一种黏结剂)混合→铺装→预压及热压→齐边砂光→成品板。

根据产品的结构和用途，目前已经开发和待开发的秸秆人造纤维板产品大致可分为以下三类：

秸秆硬质板材 指密度在0.659g/cm^{3}以上的秸秆碎料板和秸秆中密度纤维板，可以替代传统的木质刨花板和中密度纤维板，用于家具制造、包装和室内装修。

秸秆轻质材料 指用秸秆制成的低密度、轻质、保温内衬材料，用作墙体材料替代黏土砖。

秸秆复合材料 指以秸秆碎料为填料，与无机矿物材料或者塑料复合而成的一种板材，用作建筑材料或包装材料。

此外，利用秸秆制造水泥模板也取得了可喜的进展。

082 利用农作物秸秆制作新型墙体建筑材料时应当注意哪些事项？

由于农作物秸秆的表面多数有不利于胶合的物质，采用传统的脲醛树脂或者酚醛树脂胶难以得到满意的胶合强度(尤其是内结合强度)。如果使用异氰酸酯为胶黏剂，因为异氰酸酯的价格为脲醛树脂的8~10倍，尽管前者施胶量比后者低得多，但是绝对成本还是比后者高。而且，农作物秸秆是一年生植物，季节性强，质地松散，易虫蚀、霉变和腐烂，原料收集、运输和贮存问题突出。尽管秸秆的田头收购价格每吨不过几十元，但是最终成本有可能会达到200元左右，与木材原料的价格相差无几，从而削弱了市场竞争力。迄今为止，秸秆人造板在市场上尚未像木质人造板那样为广大用户所认同，在质量相同的条件下，秸秆人造板的需求高于木质人造板的可能性不大，产品售价也不可能高于木质人造板，其利润率会受到一定影响，在进行办厂经济分析时，必须充分注意到这一点。那种片面强调秸秆人造板的环境特性，而对其销路盲目乐观的想法是不可取的。

083 在农村兴办新型墙体建筑材料企业时应当注意哪些事项？

利用秸秆制造人造纤维板等新型墙体材料的固然是一种发展方向，但是由于技术上的困难和生产线投资较大，在我国农村实现大规模工业化生产和社会推广工作尚需时日。目前，国内对于秸秆人造板产生了“实验室研究多，产业化推广少；可行性报告多，实际投资建厂少；对产品舆论支持多，实际应用少”的现象。就总体而言，目前国内外秸秆人造板的生产尚处于初级阶段，产品品种有待于开发，产品性能有待于提高，生产成本有待于降低，产品应用有待于扩展，市场销售有待于开拓。因此，除非拥有切实可行的技术和经济实力，并且拥有可观的市场销路时，在农村不宜兴办大型的秸秆人造纤维板厂。

但是，在一些农作物秸秆资源丰富、当地农民对于农作物秸秆制成的新型墙体材料能够接受时，有条件的农村可以“以销定产”，试办小型的利用农作物秸秆制作墙体建筑材料的加工企业，供当地农民作乡村建房的墙体材料尤其是内墙隔断材料，以代替黏土砖。

084 为什么说利用农作物秸秆制作包装材料也是指导和帮助农民发家致富的好门路？

我国每年消耗各种包装材料2 000万m^2以上，绝大多数是难以降解的塑料类材料，是环境的一大污染源。而用农作物秸秆粉碎物和黏合剂作为原料，经过混合、交联、发泡、浇铸、烘烤定型、自然干燥等工艺后，即可制成具有减震、缓冲功能的包装材料。这种材料在低应力条件下，不仅具有比聚苯乙烯泡沫塑料更好的缓冲性能，而且可以在短期内降解，从而减少对环境的污染。

图36 利用农作物秸秆制造秸秆纤维包装材料

用农作物秸秆生产秸秆垫衬和秸秆包装材料的基本方法，是首先将秸秆加工成秆状单元，再施加异氰酸酯或者酚醛树脂胶黏剂，然后热压成型；或者通过板材挤压成型机，制成厚度为100mm的大幅面板材，根据集装箱的规格或者其他特殊用途的需要，可以将板材锯截成适合的尺寸形状。

显而易见，直接用农作物秸秆生产秸秆垫衬和秸秆包装材料的生产工艺和技术并不太复杂，尤其适宜于在农村推广，是利用农作物秸秆帮助村民致富的一条可行性强的门路。

085 怎样指导和帮助农民在市场上打开秸秆包装材料的销路？

如同其他农作物秸秆生产的工业产品一样，秸秆包装材料也需要市场化。村里如果打算推广农作物秸秆制作包装材料时，应当从以下几方面考虑：

一、不要盲目地蜂拥办厂

宜由村里采取集资入股等形式，先试办一座简易型的小型厂。待市场销路打开以后，再视市场需求量决定是否继续扩大规模。

二、选择适销对路的产品组织生产

商品包装材料的种类很多，不同的商品对于包装材料的质量标准要求也不一样。办厂初期，可以先从质量要求不算太高、市场需求量又大的初级包装材料做起，例如盒装鸡鸭蛋的包装衬垫等。不断开拓新市场，开发新产品。

三、积极创造条件走向规模化生产

秸秆包装材料规模化生产的前提，是产品质量的稳定提高和有定向销售渠道。从办厂初期开始，村里就要采取“吃着碗里的，盯住锅里的”做法，想方设法打听秸秆包装材料的需求信息。尤其是那些生产需要对产品妥善包装后才能够放心出厂的生产企业，更是市场开发的对象。可以先了解产品包装材料的具体要求，试制一批产品送上门去。只要秸秆包装材料符合要求，那么就会因其低廉的价格和可以降解的环保性能而建立产、供、销合作关系的。

086　怎样利用农作物秸秆制作可降解的新型包装材料？

用农作物秸秆和玉米淀粉为原料，可以生产出可降解的新型包装材料——聚乳酸包装材料。聚乳酸（PLA）是一种新型的生物降解材料，也称为“聚丙交酯”，属于聚酯家族，是以乳酸为主要原料聚合得到的聚合物。通常使用可再生的植物资源（例如玉米或者农作物秸秆）所提取的淀粉原料制成。淀粉原料经过发酵制成乳酸，再通过化学合成转换成聚乳酸。把聚乳酸与粉碎的农作物秸秆混合挤压成型，就制成可降解的新型复合型包装材料。这种聚合物具有良好的生物可降解性，使用后能够被自然界中微生物完全降解。而且，聚乳酸的热稳定性好，加工温度为170~230℃，有好的抗溶剂性，可用多种方式进行加工，例如挤压、纺丝、双轴拉伸，注射吹塑。其生物相容性、光泽度、透明性、手感和耐热性好，还具有一定的耐菌性、阻燃性和抗紫外性，因此用途十分广泛，可用作包装材料、纤维和非织造物等领域。其强度、缓冲性、耐药性等性能均与聚苯乙烯塑料相同。

087 能够利用农作物秸秆生产一次性餐具吗？

我国一次性餐具的年消费量为115亿只，市场需求量十分大。利用农作物秸秆生产一次性餐具，将以其成本低廉、性能好、无污染等无可比拟的优点，拥有极其广阔的市场空间。

一次性秸秆餐具是利用废弃的农作物秸秆，例如麦秸、稻草、稻谷壳、玉米秸秆、花生壳、棉花秆、蔗渣（包括锯末、苇秆、草茎）等天然植物纤维，粉碎成粒度合适的粉状物料后，添加符合食品包装卫生标准的安全无毒成型剂，经过独特工艺和成型方法制造的可完全降解的各种盘、碗、口杯等绿色环保产品。这种餐饮具制品具有卫生、无毒、无污染、防水、耐油、耐温、强度高、不变形等优点，使用后可自行分解，也可作饲料或者肥料，产品符合国家的环境保护和卫生要求，并且成本低于国内市场已经上市的纸浆模塑餐饮具。其具体工艺流程如下。

把农作物秸秆破碎→黏合剂→搅拌→热压成型→喷涂→包装→烘干消毒。

据测定，每只秸秆餐具的生产成本仅为0.1元，各项性能指标符合GB 18006.1—1999《一次性可降解餐饮具通用技术条件》和GB/T 18006.2—1999《一次性可降解餐饮具降解性能试验方法》，效果较好。

此外，也可以采用高科技手段，把小麦、玉米、水稻等农作物秸秆粉碎、挤压、成型，生产出全降解的一次性筷子。这种筷子是空心的，浸水后24h便自然“化”为粉末，不会造成环境污染，还可以回收制成动物饲料或植物肥料。

088 利用农作物秸秆生产一次性餐具时应当注意哪些事项？

一次性餐具是供消费者直接进食用餐时使用的，对卫生条件要求很严格。因此，在利用农作物秸秆生产一次性餐具时，必须注意以下两方面的问题：

一是在农作物秸秆粉粒中添加的成型剂，必须是安全无毒、符合食品包装卫生标准的。

二是在秸秆一次性餐具成型后，必须经过严格的消毒杀菌，经过检验符合国家食品卫生标准和一次性餐具的质量标准之后，才能够出厂供应市场。

089 为什么说兴办秸秆综合利用的一次性餐具生产企业最好是由村里集体兴办？

利用农作物秸秆生产一次性秸秆餐具的设备投资较大，尤其是卫生条件要求很严格(例如，生产企业必须配备消毒杀菌设施、质量检验设备等)，单家独户生产一次性秸秆餐具往往难以达到这些要求。而由村里集体兴办，则便于卫生和产品质量把关，不仅解决了投资大的问题，更重要的是化解了产品在卫生安全和质量问题上的市场风险。所以说，最好是由村里统一兴办一次性秸秆餐具生产企业。

090　怎样利用农作物秸秆生产淀粉？

糖分高的农作物秸秆(例如玉米苞皮秸秆、稻草或麦秸等)、秕壳和豆荚壳里都含有大量的淀粉，可以将淀粉提取出来。其中，利用玉米秸秆提取淀粉的应用较多，其主要工艺流程大致如下：

切瓤　选用新割下来的玉米秸秆(陈秸秆由于含水量低而不易剥皮)，剥去表面的硬皮后，将秸秆内的白瓤切成细片。

浸泡　把切好的秸秆白瓤用清水浸泡，至充分吸水泡胀为止。

蒸煮　将浸好的秸秆白瓤用蒸锅蒸透，然后加入适量的水，搅成糊状浆料，再沥干片刻。

滤浆　糊状浆料中的水要适量，待搅拌均匀后用细筛过滤，去除浆料中的粗纤维和皮渣。

压滤　将滤液装入布袋内压榨，即获得湿淀粉。据估测，每100kg玉米秸秆可制得湿淀粉约80kg。

另外，还可以将玉米秸秆切成细片(呈黄色)，然后用石磨碾碎，放在锅内用文火炒至呈白色，再用细筛子进行筛分。生产出来的细粉和筛出来的粉渣可用来制作饴糖、酿酒、酿醋，或者加工饲料，也可用来做食品糕点。由于这种淀粉中含有木质素、果胶、半纤维素等，因而其制作的食品不仅营养价值和味道与面粉不相上下，更显著的是其保健和防病效果好。据分析，这种淀粉中含葡萄糖1.62%、脂肪0.64%、蛋白质3.05%，可用作食品糕点和工业原料，也可用作精饲料。

091 利用农作物秸秆生产淀粉时应当注意哪些事项？

利用农作物秸秆制取淀粉时，会产生秸秆皮等下脚料和含有很多有机污染物的废水，污染防治是一项极为重要的事情。我国生产淀粉的农村和农户通常的做法是在淀粉厂(作坊)旁建造沼气池，把秸秆皮、有机废水等引入沼气池里，既可以制沼气，又消除了制淀粉时产生的污染物，实现了农作物秸秆→淀粉→下脚料制沼气→沼肥还田→农作物生产→农作物秸秆制淀粉的良性循环。

092 怎样指导和帮助农民利用农作物秸秆生产活性炭？

生物活性炭也称为"低温炭"，是一种经过高温裂解加工过的生物质。生物质在裂解过程中，不仅可以产生用于能源生产的气体，还有碳的另一种稳定形式——生物炭。木炭、竹炭就是典型的产品。

生物炭最大的特点就是具有微细的孔隙结构。正是这些微细的孔隙，使生物炭具有很强的吸附能力，被广泛地用作吸附剂、滤毒罐、污水及废气吸附材料、无烟燃料等，在工业、科研、军事等领域得到广泛应用。

利用农作物秸秆烧制生物活性炭的方法，与传统的烧制木炭、竹炭的方法相似，只不过把烧制的原材料由传统的林木、毛竹改为农作物秸秆而已。因为秸秆的软、硬不同，通常可分为两种生产加工方法。

软秸秆 例如稻草、麦秸、稻壳等，可采用高温气体活化法制取活性炭。即把软质秸秆粉碎后，在高压条件下制成棒状的固体物，然后进行炭化，破碎成颗粒，通过转炉与900℃左右的水蒸气进行活化造孔。再经过漂洗、干燥、磨粉等工艺制成活性炭。

硬度较强的秸秆 例如棉柴、麻秆等，可采用化学法制取活性炭。即把硬质秸秆粉碎成细小的颗粒状，筛分后烘干水分，使水分控制在25%左右。然后放入用氯化锌、磷、酸、盐酸等配制成的适合的波美度和pH值的溶液中，浸泡4~8h，再进行低温炭化（250~350℃）和高温活化（360~450℃），经过回收工艺（把消耗的原料稀释出来，再经过煮、漂洗、烘干、筛分、磨粉等工艺）制成活性炭。

093 利用农作物秸秆生产活性炭时应当注意哪些事项？

目前，我国农村烧制生物炭的炉窑主要有以下两种：

闷烧炭窑烧制 用砖块垒砌成一座闷烧炭窑（可放竹木或者固体生物质5~6t），投资需8 000~10 000元。

通天窑烧制低温炭技术 通天窑是一种简易型的炭窑，通常是在山坡上挖个槽坑，或者在平地上用砖块砌个槽坑，用于烧炭。这种窑没有专门的窑顶，是在烧窑时在竹木或者固体生物质的上面覆盖一层潮湿的树枝、竹叶或者稻草，用以隔绝空气，防止窑内的竹木或者固体生物质在烧制过程中氧化，故称之为“通天窑”。一座通天窑的造价仅千余元；每窑可放竹木或者固体生物质燃料约4t。

烧制活性炭要有很熟练的烧炭技术。因此，在打算利用竹木或者固体生物质烧制生物炭时，应当先去学习，以掌握建窑和烧炭的技术；或者先聘请熟练的技工或者烧窑师傅，不宜盲目地投入生产。

烧制活性炭会产生浓烟和气味，采用化学法制取活性炭时，还会产生漂洗废水，因此应当在距离农村村落和基本农田较远的下风向建厂(窑)，同时要配套建造污水处理设施，以免污染环境。

094 用农作物秸秆手工制作的工艺编织品为什么在市场上畅销？

近年来，用农作物秸秆手工制作的工艺编织品，逐渐在家具界、室内装饰品业走俏，并且逐渐在市场上畅销，成为一些农村利用农作物秸秆发家致富的好形式。

图37 利用农作物秸秆制作纤维编织品是农村的一项主要的家庭副业

农作物秸秆手工制作的工艺编织品之所以能够在市场上畅销，源于近年来流行的“回归自然”的绿色消费潮流。用麦秸或者玉米皮编制的蒲团、壁挂、提篮、盛物篓、麦秸组合地板(块)乃至宠物屋等，用山里的野藤和农作物藤蔓编制的家具、装饰品等，用竹根、竹子制成的工艺品以及麦秸画、稻草画等具有乡土气息，给居室带来了大自然的气息，因而备受城市消费者的欢迎。尤其是一些具有地方特色或者民族特色的农作物秸秆工艺编织品更加受到欢迎。用农作物秸秆手工制作的工艺编织品增值远比其他农作物秸秆利用项目高，因此在文化气氛浓郁的农村，可以大力开发农作物秸秆工艺编织品。

095 怎样指导和帮助农民开发秸秆工艺编织品市场？

秸秆工艺编织品从广义上来说属于工艺品。其实，我国许多农村都有利用农作物秸秆制成生活用品和包装物的习惯。把秸秆工艺编织品从日常生活用品拓展为工艺编织品并且走向市场，关键是要从以下几方面着手：

一是要组织生产适销对路的秸秆工艺编织品。秸秆工艺编织品既要有欣赏性，又要有实用性，兼具两者要求的才更加好销。因此，村里要经常进行市场调研，摸清市场需要和市场行情，不断引导村民开发新产品。

二是要不断创新。秸秆工艺编织品的式样如果总是千篇一律的“老面孔”，旺销一阵子可能就会出现销售大幅度回落的现象。

有条件的村里可以聘请工艺美术师，或者请城里大学工艺美术系(专业)的师生进村指导，甚至可以实行村、校联合，把具有秸秆工艺编织品生产传统和拥有一定生产规模的村作为大学的工艺美术实习基地，互利互惠，共同创新产品。

三是朝集约化经营发展。村民们手工制作的农作物秸秆工艺编织品靠一家一户地单独闯市场，既耗时费力，效果也不会太好。在形成生产规模的村里，应当采取"分散生产，统一代销"的集约化合作方式，由村里选派人员拿着样品跑市场，形成规模效应。

096 为什么说利用农作物秸秆制作草帘子具有市场潜力？

利用农作物秸秆通过手工制作或者机械加工，编织成草帘子，近年来具有较乐观的市场发展潜力。

利用稻草、麦秸等农作物秸秆编织草帘子的技术和产品质量要求并不高，简单易行，生产投资不大，但是其用途较广，例如：

图38 利用农作物秸秆编织的草帘子用途广泛

用作太阳能大棚的覆盖物　在日照充足、太阳能农业发展较快的农村地区，太阳能大棚对于草帘子之类的覆盖物需求量很大。一座占地面积50m^{2}的太阳能大棚，需要65~75m^{2}的覆盖物以庇荫或者保温，而且一年要更换两三次。

用作建筑工地降尘覆盖物　在裸露的城市建筑工地上产生的扬尘，是城市大气环境污染物中的悬浮颗粒物的主要来源。近年来，不少城市为了降低城区扬尘污染，大都出台规定，要求建筑工地在施工期间对于裸露的地面进行覆盖。在目前开发的覆盖物种类中，大多数由于成本太高、产生二次污染(例如塑料防尘网难以降解)等原因而较难以推广。

图39　利用草帘子覆盖建筑工地的裸露地面效果显著

利用农作物秸秆编的草帘子不仅成本低，而且可以喷洒水，使降尘效果十分明显，并且可以降解，避免了二次污染。因此，城市近郊的农村可以主动进城与各建筑工地的建设施工单位联系，获得批量订单。

097 国家对于兴办大中型农作物秸秆综合利用企业有什么样的优惠政策？

国家历来重视农作物秸秆的综合利用，并且采取了一系列的优惠政策。例如，在国务院办公厅《关于加快推进农作物秸秆综合利用的意见》(国办发[2008]105号)中，提出了“针对秸秆综合利用的不同环节和不同用途，制定和完善相应的税收优惠政策”，“对秸秆综合利用企业和农机服务组织购置秸秆处理机械给予信贷支持。鼓励和引导社会资本投入”，“在秸秆禁烧的重点地区，优先安排秸秆综合利用项目”。在国家发展改革委、农业部《关于编制秸秆综合利用规划的指导意见》(发改环资 [2009] 378号)中，提出了“建立不同类型地区秸秆综合利用的技术模式，强化技术支撑；依靠科技入户、新型农民培训、科技特派员、星火12396等项目，强化技术培训和指导，推广简捷实用的秸秆综合利用技术，促进技术普及应用；大力开发操作简便、集约利用水平高的实用新技术”的要求。全国各地政府也颁布实施了一系列的鼓励农村综合利用农作物秸秆的优惠政策和扶植措施。

098 村里如果实现了大规模的农作物秸秆综合利用，怎样向国家申请财政补贴资金？

国家与各地对于综合利用农作物秸秆的优惠政策和扶植措施不尽相同，但总的来说，都在税收减免、信贷支持和项目资金扶植等方面给予了较大的优惠，尤其是在禁烧农作物秸秆的农村地区更是如此。

在农作物秸秆资源丰富的地区和国家、地方政府划定的禁烧农作物秸秆的地区，村里如果实现了较大规模的农作物秸秆综合利用(包括农作物秸秆能源化)，可以主动地向县人民政府及县农业局等主管部门汇报，并且结合当地的具体优惠政策，向国家申请相应的财政补贴资金。

在具体汇报和申请时，一定要注意实事求是，农作物秸秆综合利用项目必须是具有一定规模、业已建成并且正常生产的。

099　在什么样的条件下才能够实施农作物秸秆发电技术？

农作物秸秆是一种很好的清洁可再生能源，其平均含硫量只有3.8‰，而煤的平均含硫量约达1%。经测定，农作物秸秆的热值约为15 000kJ/kg，相当于标准煤的50%。

自20世纪70年代的石油危机后，发达国家加快了生物能源利用技术的开发应用研究，秸秆发电技术应运而生。丹麦于1998年诞生了世界上第一座秸秆生物质燃烧电站。德国也是世界上最早利用秸秆发电的国家之一，利用秸秆发电的费用每千瓦时只需5美分(当地其他发电厂电费为每千瓦时16美分)。2004年，我国第一座完全利用农作物秸秆燃烧发电的发电厂——石家庄晋州市秸秆发电厂 (1×25MW) 建设项目投产运营以来，年发电量为1.2亿kW·h，燃烧秸秆20万t，可供100万m^2的采暖供热。与同等规模的燃煤电厂相比，每年可节约煤炭10万t，减少二氧化硫排放量60多t，减少烟尘排放量400t。

按照农作物秸秆利用方式的不同，秸秆发电目前可分为秸秆气化发电技术和秸秆直接燃烧发电技术两大类。

秸秆气化发电技术 是将农作物秸秆在一定的压力和温度下，使秸秆与氧气和水蒸气发生气化反应，产生一氧化碳、氢气、甲烷等可燃气体，这些可燃气体净化后送往燃气轮机发电。如果在燃气轮机后面加装余热锅炉，还可以组成秸秆燃气——蒸汽联合循环发电技术。这种技术具有废气排量小、发电效率高等优点。

图40 利用农作物秸秆发电

秸秆直接燃烧发电技术 该技术是将秸秆直接送往锅炉中燃烧产生高温高压蒸汽，推动蒸汽轮机做功发电。相比秸秆气化发电技术，具有结构简单、投资省、易于大型化等优点。

目前，在国内主要推广的是秸秆直接燃烧发电技术。

利用农作物秸秆发电的前景广阔，但是也存在着一定的风险。我国秸秆发电规模应当以不大于30MW为宜。建造一座这样的秸秆发电厂大约需要10亿元的巨大资金投入，因此秸秆发电厂只能作为国家的大型、重点建设工程项目投入，当地农村只能作为农作物秸秆燃料的供应源地。

100　怎样编制本村的《秸秆综合利用规划》？

在农作物秸秆资源丰富的农村地区，村里应当合理地安排全村农作物秸秆的综合利用，既要动员和鼓励村民采取多种形式对于农作物秸秆开展综合利用，又要避免在一些投资较大、风险较大的秸秆工业化利用项目(例如秸秆板材等)上"一窝蜂"盲目开发、重复建设、恶性竞争。为了促使本村的农作物秸秆综合利用健康发展，村里要集中全村的智慧和力量，结合本村农作物秸秆资源的实际情况和正确评估村里、村民的经济实力条件，组织编制一份本村的《农作物秸秆综合利用规划》是十分有必要的。

国家也高度重视农作物秸秆综合利用规划的编制与实施。2009年2月，国家发展改革委、农业部联合发布了《关于编制秸秆综合利用规划的指导意见》(发改环资 [2009] 378号)，对于各省编制农作物秸秆综合利用规划提出了十分具体的指导性意见。各地农村不妨按照这份指导意见联系实际、因地制宜地编制本村的《农作物秸秆综合利用规划》。

在编制本村的《农作物秸秆综合利用规划》时，一定要注意以下几点：

实事求是，量力而行　规划是一个既定的方向，过高或者过低都不利于工作的开展。因此，在编制本村的《农作物秸秆综合利用规划》时，一定要根据本村的农作物秸秆资源状况、实际利用状况、当地进一步开发利用农作物秸秆的优势等，实事求是地提出方向、目标来。千万不要好高骛远、好大喜功。要结合村里的实际情况(例如资源状况、经济能力、技术能力、运输条件、销售渠道等)量力而行，脚踏实地地落实好农作物秸秆的综合利用。

高瞻远瞩，规划先行 规划不是一个短暂的、临时的工作安排。在编制本村的《农作物秸秆综合利用规划》时，既要考虑到眼前在村民中可以马上推广并且能够较快地见实效的农作物秸秆综合利用项目，也要高瞻远瞩地把目光向前看，对于村里具有开发潜力但是眼前由于主客观条件的限制而暂时不能上马的一些农作物秸秆综合利用项目，在经过可行性研究之后也应当纳入规划，并在今后积极地创造条件争取实施。

兼顾全局，集约发展 农作物秸秆的综合利用单家独户是难以形成规模化效应的。因此，在编制本村的《农作物秸秆综合利用规划》时，应当考虑到一些组织实施的项目今后如何朝着集约化发展；另一方面，对于一些投资较大、技术要求较高的项目，要考虑到创造条件(例如通过引资合作、集资入股、外联加工等形式开发)由村里统一办厂开发。

附录一

国务院办公厅关于加快推进农作物秸秆综合利用的意见

（国办发 [2008] 105号　2008年7月27日）

各省、自治区、直辖市人民政府，国务院各部委、各直属机构：

近年来，我国农村一些地区焚烧农作物秸秆（以下简称秸秆）现象比较普遍，不仅污染环境、严重威胁交通运输安全，还浪费资源。为加快推进秸秆综合利用，实现秸秆的资源化、商品化，促进资源节约、环境保护和农民增收，经国务院同意，现提出如下意见：

一、推进秸秆综合利用工作的指导思想、基本原则和主要目标

（一）指导思想。以科学发展观为指导，认真落实资源节约和环境保护基本国策，把推进秸秆综合利用与农业增效和农民增收结合起来，以技术创新为动力，以制度创新为保障，加大政策扶持力度，发挥市场机制作用，加快推进秸秆综合利用，促进资源节约型、环境友好型社会建设。

（二）基本原则。

——统筹规划，突出重点。根据秸秆的种类和分布，统筹编制秸秆综合利用规划，稳步推进，重点抓好秸秆禁烧及剩余秸秆综合利用工作。

——因地制宜，分类指导。结合各地生产条件和经济发展状况，进一步优化秸秆综合利用结构和方式，分类指导，逐步提高秸秆综合利用效益。

——科技支撑，试点示范。充分发挥科技支撑作用，着力解决

秸秆综合利用中的共性和实用技术难题，努力提高秸秆综合利用的技术、装备和工艺水平，并积极开展试点示范。

——政策扶持，公众参与。加大政策引导和扶持力度，利用价格和税收杠杆调动企业和农民的积极性，形成以政策为导向、企业为主体、农民广泛参与的长效机制。

（三）主要目标。秸秆资源得到综合利用，解决由于秸秆废弃和违规焚烧带来的资源浪费和环境污染问题。力争到2015年，基本建立秸秆收集体系，基本形成布局合理、多元利用的秸秆综合利用产业化格局，秸秆综合利用率超过80%。

二、大力推进产业化

（四）加强规划指导。开展秸秆资源调查，进一步摸清秸秆资源情况和利用现状，以省为单位编制秸秆综合利用中长期发展规划。根据资源分布情况，合理确定秸秆用作肥料、饲料、食用菌基料、燃料和工业原料等不同用途的发展目标，统筹考虑综合利用项目和产业布局。

（五）加快建设秸秆收集体系。建立以企业为龙头，农户参与，县、乡（镇）人民政府监管，市场化推进的秸秆收集和物流体系。鼓励有条件的地方和企业建设必要的秸秆储存基地。鼓励发展农作物联合收获、粉碎还田、捡拾打捆、贮存运输全程机械化，建立和完善秸秆田间处理体系。

（六）大力推进种（养）植业综合利用秸秆。大力推广秸秆快速腐熟还田、过腹还田和机械化直接还田。鼓励养殖场（户）和饲料企业利用秸秆生产优质饲料。积极发展以秸秆为基料的食用菌生产。

（七）有序发展以秸秆为原料的生物质能。结合乡村环境整治，积极利用秸秆生物气化（沼气）、热解气化、固化成型及炭化等发展生物质能，逐步改善农村能源结构。推进利用秸秆生产燃料乙醇，逐步实现产业化。合理安排利用秸秆发电项目。

（八）积极发展以秸秆为原料的加工业。鼓励采用清洁生产工艺，生产以秸秆为原料的非木纸浆。引导发展以秸秆为原料的人造板材、包装材料、餐具等产品生产，减少木材使用。积极发展秸秆饲料加工业和秸秆编织业。

三、加强技术研发和推广应用

（九）加强技术与设备研发。进一步整合科研资源，推进建立科技创新机制，引进和消化吸收国外先进技术，力争在农作物收割和秸秆还田、秸秆收集贮运、秸秆饲料加工、秸秆转化为生物质能等方面取得突破性进展，形成经济、实用的集成技术体系，配套研制操作方便、性能可靠、使用安全的系列机械设备。

（十）开展技能培训和技术推广。加大秸秆综合利用技术培训和推广力度，提高技术的入户率。充分发挥现有农村基层组织和服务组织的作用，从推广成熟实用技术入手，重视技术交流、信息传播和知识普及，提高农民综合利用秸秆的技能，使秸秆综合利用真正成为农业增产增效和农民增收致富的有效途径。

（十一）实施技术示范和产业化项目。根据秸秆综合利用的不同用途，建立秸秆综合利用科技示范基地。通过组织秸秆还田、食用菌栽培等大面积利用示范和秸秆气化、手工编织示范以及秸秆人造板、秸秆发电等资源化利用产业示范，加快适用技术的转化应用。在秸秆禁烧的重点地区，优先安排秸秆综合利用项目。

四、加大政策扶持力度

（十二）加大资金投入。研究制定政策引导、市场运作的产业发展机制，不断加大资金投入力度。对秸秆发电、秸秆气化、秸秆燃料乙醇制备技术以及秸秆收集贮运等关键技术和设备研发给予适当补助。将秸秆还田、青贮等相关机具纳入农机购置补贴范围。对秸秆还田、秸秆气化技术应用和生产秸秆固化成型燃料等给予适当资金支持。对秸秆综合利用企业和农机服务组织购置秸秆处理机械给予信贷支持。鼓励和引导社会资本投入。

（十三）实施税收和价格优惠政策。把秸秆综合利用列入国家产业结构调整和资源综合利用鼓励与扶持的范围，针对秸秆综合利用的不同环节和不同用途，制定和完善相应的税收优惠政策。完善秸秆发电等可再生能源价格政策。

五、加强组织领导

（十四）落实地方政府责任。地方各级人民政府是推进秸秆综合利用和秸秆禁烧工作的责任主体，要把秸秆综合利用和禁烧作为推进节能减排、发展循环经济、促进农村生态文明建设的一项工作内容，摆上重要议事日程，进一步加强领导，统筹规划，完善秸秆禁烧的相关法规和管理办法，抓紧制定加快推进秸秆综合利用的具体政策，狠抓各项措施和规定的落实，努力实现秸秆综合利用和禁烧目标。

（十五）加强部门分工协作。建立由发展改革部门会同农业部门牵头、各有关部门参加的协调机制，明确分工，加强配合，统筹研究推进秸秆综合利用的重大问题，提出促进秸秆综合利用的政策建议，加强对地方秸秆综合利用工作的督促和指导。发展改革委要会同农业部指导地方做好规划编制工作，农业部要指导地方开展秸秆资源调查，科技部要会同农业部等部门抓好技术研发和推广工作，财政部要会同有关部门抓紧制定出台具体的财税扶持政策，环境保护部要牵头抓好秸秆禁烧工作，其他相关部门要按照职责分工开展工作。

（十六）严格禁烧监管执法。各地要结合实际，对秸秆禁烧的范围等做出具体规定。要将人口集中地区、机场周围、交通干线附近和各直辖市、省会城市以及副省级城市行政区域列入秸秆禁烧范围。充分发挥基层组织的作用，实行群防群治。加强对秸秆禁烧工作的督促检查，加大实时监测和现场执法力度，依法查处违规焚烧行为。

（十七）广泛开展宣传教育。开展形式多样、生动活泼、贴近生活的秸秆综合利用和禁烧宣传教育活动，充分发挥新闻媒体的舆论引导和监督作用，提高公众对秸秆综合利用和禁烧的认识水平与参与意识，使禁烧秸秆成为农民的自觉行动。

附录二

国家发展改革委　农业部

《关于编制秸秆综合利用规划的指导意见》

(发改环资[2009]378号)

为贯彻落实国务院办公厅关于抓紧编制秸秆资源综合利用中长期发展规划的意见，加快推进秸秆综合利用，实现秸秆的资源化、商品化，促进资源节约、环境保护和农民增收，现就做好秸秆综合利用规划编制工作提出如下意见：

一、编制秸秆综合利用规划的重要意义

我国秸秆数量大、种类多、分布广，每年秸秆产量近7亿吨。长期以来，秸秆是我国农村居民主要生活燃料、大牲畜饲料和有机肥料，少部分作为工业原料和食用菌基料。近年来，随着农村劳动力转移、能源消费结构改善和各类替代原料的应用，加上秸秆综合利用成本高、经济性差、产业化程度低等原因，开始出现了地区性、季节性、结构性的秸秆过剩，特别是在粮食主产区和沿海经济发达的部分地区，违规焚烧现象屡禁不止，不仅浪费资源、污染环境，还严重威胁交通运输安全。

近年来，在国家有关部门和各地政府积极推动和支持下，秸秆综合利用取得了显著成果，各地投资建设了一批秸秆人造板、秸秆直燃发电、秸秆沼气、秸秆气化、秸秆成型燃料等综合利用项目。同时，多种形式的秸秆还田、保护性耕作、秸秆快速腐熟还田、过腹还田、栽培食用菌等技术的推广应用，在一定程度上减少了秸秆焚烧现象。但是，秸秆综合利用仍然存在利用率低、产业链短和产业布局不合理等问题。存在这些问题的主要原因：一是对秸秆综合利用认识不足。一些地区没有把秸秆真正作为资源来看待，缺乏统筹规划，综合利用推进不力。二是秸秆资源与利用现状不清。长期以来，由于对秸秆利用的重视程度不够等原因，尽管有关部门和专家开展了一些调查和分析工作，但仍存在着秸秆资源不清、利用现状不明等问题。三是市场化机制不完善，缺乏政策激励。目前，各地还没有建立有效的市场机制和储运体系，秸秆商品化水平低，缺乏鼓励秸秆综合利用的具体政策措施，秸秆产业发展滞后。四是缺乏农民经济实用的配套技术设备。在农作物轮作茬口紧的多熟农区，秸秆便捷处理设施不配套，农民收集处理秸秆的难度大，随意遗弃和露天焚烧现象严重；秸秆综合利用新技术应用规模较小，尤其是适宜农户分散经营的小型化、实用化技术缺乏，各项技术之间集成组合不够。

编制秸秆综合利用规划，要根据不同地区的资源禀赋、利用现状和发展潜力，明确秸秆开发利用方向和总体目标，因地制宜、合理布局，安排好建设内容，制定和完善各项政策，逐步形成秸秆资源开发利用的良性循环，彻底解决秸秆露天焚烧问题，促进农村经济社会持续、协调发展，改善农村居民生产生活条件，增加农民收入，保护生态环境。

二、指导思想和基本原则

（一）指导思想

深入贯彻落实科学发展观，认真落实节约资源和环境保护基本国策，促进资源节约型、环境友好型社会建设。把推进秸秆综合利用与社会主义新农村建设、农业增产增效和农民增收结合起来。以技术创新为动力，以制度创新为保障，通过秸秆多途径、多层次的合理利用，逐步形成秸秆综合利用的长效机制，有效解决秸秆焚烧问题。

（二）基本原则

疏堵结合，以疏为主。加大对秸秆焚烧监管力度，在研究制定鼓励政策，充分调动农民和企业积极性的同时，对现有的秸秆综合利用单项技术进行归纳、梳理，尽可能物化和简化，坚持秸秆还田利用与产业化开发相结合，鼓励企业进行规模化和产业化生产，引导农民自行开展秸秆综合利用。

因地制宜，突出重点。根据各地种植业、养殖业的现状和特点，秸秆资源的数量、品种和利用方式，合理选择适宜的秸秆综合利用技术进行推广应用。在满足农业利用的基础上，合理引导秸秆成型燃烧、秸秆气化、工业利用等方式，逐步提高秸秆综合利用效益。近期做好机场周边、高速公路沿线和大中城市郊区的秸秆综合利用工作，防止对交通运输和城乡居民生活造成严重危害。

依靠科技，强化支撑。加强技术集成配套，建立不同类型地区秸秆综合利用的技术模式，强化技术支撑；依靠科技入户、新型农民培训、科技特派员、星火12396等项目，强化技术培训和指导，推广简捷实用的秸秆综合利用技术，促进技术普及应用；大力开发操作简便、集约利用水平高的实用新技术。

政策扶持，公众参与。统筹考虑国家对秸秆综合利用的扶持政策情况，进一步加大政策引导和扶持力度，充分发挥市场配置资源的作用，鼓励社会力量积极参与，形成以市场为基础、政策为导向、企业为主体、农民广泛参与的长效机制。

三、编制的主要任务和进度要求

(一) 主要任务

以省为单位编制秸秆综合利用规划。规划基准年为2008年（按2008年年底数据），规划水平年为2010年和2015年。规划编制采用自下而上，逐级汇总编制的方法。各省（区、市）要在开展秸秆资源调查，进一步摸清秸秆资源潜力和利用现状的基础上，根据资源分布情况，合理确定适宜本地区的秸秆综合利用方式（饲料、肥料、燃料、食用菌基料和工业原料等）、数量和布局，设定发展目标，鼓励秸秆还田和多元化利用产业的共生组合，并编制秸秆综合利用重点项目建设规划。同时，规划中要提出相应的保障措施和支持政策，还要体现加强秸秆转化利用技术的研发与集成，加快成果转化和推广等具体的科技支撑内容。按时提交本地的规划成果。

(二) 规划目标

秸秆资源得到综合利用，解决秸秆废弃和焚烧带来的资源浪费和环境污染问题。2010年在东部发达地区、中心城市周边、机场和高速公路沿线地区基本实现禁烧。力争到2015年，在全国建立较完善的秸秆还田、收集、储运体系，基本形成布局合理、多元利用的秸秆还田和产业化综合利用格局，秸秆综合利用率超过80%。

(三) 进度要求

规划工作涉及面广，调查、统计、分析工作量大，各省（区、市）编制单位要精心组织，在2009年8月底前按质按量完成规划编制工作。

四、重点实施领域

各地区尤其是农业主产区，应因地制宜重点选择当地优势产业带，以小麦—水稻和小麦—玉米为主，在秸秆剩余量大、茬口紧、焚烧严重的地区开展秸秆综合利用。近期对于交通干道、机场、城市周边等重点地区，要重点规划，尽快解决秸秆的季节性和结构性过剩问题。品种上，重点解决量大面广的玉米、小麦、水稻、棉花秸秆及各地农业优势产业的秸秆。

五、保障措施

（一）加强组织领导。编制秸秆综合利用规划是一项重要工作，涉及部门多，难度大，任务重。各级政府及有关部门要认真贯彻落实党中央和国务院的有关政策精神，要以科学发展观为指导，提高认识，加强领导，精心组织规划编制工作。各省（区、市）人民政府要做好规划编制工作中的组织协调，注意与已有的农业、工业、环保、农村能源、畜牧、饲料、农业机械化等规划的衔接工作。

（二）做好规划编制的前期工作。要认真做好秸秆资源调研与评价等前期工作。各地要通过深入细致地系统调研，摸清本地区农作物秸秆资源总量和利用的种类、分布、产量及利用途径等情况，对秸秆资源进行全面、科学的评价，为编制秸秆资源综合利用规划提供可靠的依据。

（三）落实人员和经费保障。要选配知识结构好、业务能力强、熟悉情况的骨干人员，组建得力的规划编制队伍，统一培训，提高规划人员的素质和水平。各省（区、市）人民政府要为规划编制安排必要的经费，为规划编制工作提供经费保障。

（四）采取科学的工作方式。要广泛动员多学科力量，充分借鉴国内外先进经验，科学确定秸秆资源调查和评价方法，合理选择技术路线。要坚持政府组织、专家领衔、部门合作、公众参与、科学决策的方针，科学系统地安排规划编制各项工作。

（五）加大公众参与力度。要充分发扬民主，加强调研，广泛听取意见。规划编制部门应当公布规划草案或者举行听证会，扩大公众参与，增强规划编制的公开性和透明度，听取公众意见。

二〇〇九年二月九日

附录三

秸秆综合利用重点技术

1.秸秆收集处理体系

为解决茬口紧的多熟农区秸秆收集、处理困难等问题，应加快建立秸秆收集和物流体系，推广农作物联合收获、粉碎、捡拾打捆全程机械化，对收获后留在田间的秸秆进行及时高效的处理。我国在引进消化吸收国外先进技术的基础上，通过自主创新，在秸秆机械化收获、粉碎、打捆、转移等秸秆田间机械化处理技术领域取得了一大批成果，开发了一系列具有自主知识产权并适合我国国情的各种类型、不同规格的秸秆还田粉碎机和打捆机、压块机、青贮机等，相关机具的技术和制造水平均接近国际先进水平。

2.秸秆肥料化利用技术

秸秆还田技术主要包括秸秆机械粉碎还田、保护性耕作、快速腐熟还田、堆沤还田等方式以及生物反应堆等方式。

机械化粉碎还田主要将收获后的农作物秸秆刈割或粉碎后，翻埋或覆盖还田。对小麦秸秆采用联合收割收获，使小麦秸秆基本得到粉碎，再配以秸秆粉碎及抛撒装置，实现小麦秸秆的基本还田；对玉米秸秆采用中型拖拉机牵引秸秆粉碎机将玉米秸秆粉碎两遍，用大中型拖拉机翻耕或旋耕，将秸秆翻入耕层。秸秆机械化粉碎还田能够节省劳力，增加土壤有机质，改善土壤结构，具有便捷、快速提高土壤保水保肥性能，适用于玉米、小麦产区。

保护性耕作是以保护生态环境、促进农业可持续发展和节本增效为目标，以秸秆覆盖留茬还田、就地覆盖或异地覆盖还田、免少耕播种施肥复式作业、轮作、病虫草害综合控制等为主要内容的先进农业技术。实施保护性耕作具有防治农田扬尘和水土流失、蓄水保墒、培肥地力、节本增效等作用。

快速腐熟还田主要利用微生物菌剂对农作物秸秆进行发酵腐熟直接还田。具有增加稻田土壤有机质，改良土壤理化性质，促进腐殖质的积累与更新、改善土壤耕性等功能。南方地区适宜推广稻田秸秆腐熟还田技术、墒沟埋草耕作培肥技术，北方地区适宜推广秸秆粉碎腐熟还田技术、秸秆沟埋腐熟还田技术。

堆沤还田主要是在田间地头挖积肥凼，将农作物秸秆堆成垛，添加适量的家畜粪尿或污泥等，调整碳氮比和水分，或者添加菌种和酶，使秸秆发酵生成有机肥。该项技术适用于秸秆产量丰富的粮食主产区和环境容量有限的地区进行推广，尤其是环境问题比较突出的城乡结合部。

秸秆生物反应堆主要是将农作物秸秆加入一定比例的水和微生物菌种、催化剂等原料，发酵分解产生CO_2。通过构造简易的CO_2交换机对农作物进行气体施肥，满足农作物对CO_2的需求；同时可以有效增加土壤有机质和养分，提高地温，抑制病虫害、可减少化肥、农药用量。该技术方便简单，运行成本低廉，增产增收效果显著，适用于从事温室大棚瓜果、蔬菜等经济作物生产的农户应用。

3.秸秆饲料化利用技术

秸秆饲料利用主要指通过利用青贮、微贮、揉搓丝化、压块等处理方式，把秸秆转化为优质饲料。青贮、微贮是指利用贮藏窖等，对秸秆进行密封贮藏，经过一定的物理、化学或生物方法处理制成饲料，饲喂牛、马、羊等大牲畜，并将其粪便还田，即过腹还田。对提高秸秆饲料的营养成分等作用显著，具有简单易行、省功省时，便于长期保存，全年均衡供应饲喂等特点，既解决了冬季牲畜饲料缺乏等问题，又节省了饲料粮，具有广阔的推广应用前景。揉搓丝化可有效改变秸秆的适口性和转化率。秸秆压块饲料便于长期保存和长距离运输。

4.秸秆能源化利用技术

秸秆能源化利用技术主要包括秸秆沼气（生物气化）、秸秆固化成型燃料、秸秆热解气化、直燃发电和秸秆干馏等方式。

秸秆沼气（生物气化）是指以秸秆为主要原料，经微生物发酵作用生产沼气和有机肥料的技术。该技术充分利用稻 草、玉米等秸秆原料，有效解决了沼气推广过程中原料不足的问题，使不养猪的农户也能使用清洁能源。秸秆沼气集中供气工程，秸秆粉碎机后进入沼气厌氧罐内中温发酵，产生大量的沼气能源，通过输气管道送到千家万户。此外，秸秆沼气技术分为户用秸秆沼气和秸秆沼气集中供气两种形式。秸秆入池产气后产生的沼渣是很好的肥料，可作为有机肥料还田（即过池还田），提高秸秆资源的利用效率。

秸秆固化成型燃料是指在一定温度和压力作用下，将农作物秸秆压缩为棒状、块状或颗粒状等成型燃料，从而提高运输和贮存能力，改善秸秆燃烧性能，提高利用效率，扩大应用范围。秸秆成型后，体积缩小6~8倍，密度为1.1~1.4t/m^3，能源密度相当于中质烟煤，使用时火力持久，炉膛温度高，燃烧特性明显得到改善，可以代替木材、煤炭为农村居民提供炊事或取暖用能，也可以在城市作为锅炉燃料，替代天然气、燃油。

秸秆热解气化是以农作物秸秆、稻壳、木屑、树枝以及农村有机废弃物等为原料，在气化炉中，缺氧的情况下进行燃烧，通过控制燃烧过程，使之产生含一氧化碳、氢气、甲烷等可燃气体作为农户的生活用能。该项技术主要适用于以自然村为单位进行建设。

秸秆直接燃烧发电技术是指秸秆在锅炉中直接燃烧，释放出来的热量通常用来产生高压蒸汽，蒸汽在汽轮机中膨胀做功，转化为机械能驱动发电机发电。该技术基本成熟，已经进入商业化应用阶段，适用于农场以及我国北方的平原地区等粮食主产区，便于原料的大规模收集。

秸秆干馏是指利用限氧自热式热解工艺和热解气体回收工艺，将秸秆在一个系统上同时转化为生物质炭、燃气、焦油和木醋酸等多种产品，生物质炭和燃气可作为农户或工业用户的生产生活燃料，焦油和木醋酸可深加工为化工产品，实现秸秆资源的高效利用。该项技术适用于小规模、多网点建设，集中深加工的发展方式。

5.秸秆生物转化食用菌技术

食用菌是真菌中能够形成大型子实体并能供人们食用的一种真菌，食用菌以其鲜美的味道、柔软的质地、丰富的营养和药用价值备受人们青睐。由于秸秆中含有丰富的碳、氮、矿物质及激素等营养成分，且资源丰富，成本低廉，因此很适合做多种食用菌的培养料，通常由碎木屑、棉籽壳、稻草和麦麸等构成。目前，利用秸秆栽培食用菌品种较多，有平菇、姬菇、草菇、鸡腿菇、猫木耳等十几个品种，而且有些品种的废弃菌帮（袋）料可以作为另一种食用菌的栽培基料，不仅提高了生物转化率，延长了利用链条，也减少了对环境的污染。

6.秸秆炭化、活化技术

秸秆的炭化、活化技术是指利用秸秆为原料生产活性炭技术，因秸秆的软、硬不同，可分为两种生产加工方法。

(1) 软秸秆。如稻草、麦秸、稻壳等，可采用高温气体活化法，即把软质秸秆粉碎后在高压条件下制成棒状固体物，然后进行炭化，破碎成颗粒，通过转炉与900℃左右水蒸气进行活化造孔，再经过漂洗、干燥、磨粉等工艺制成活性炭。

(2) 硬度较强的秸秆。如棉柴、麻秆等，可采用化学法。即把硬质秸秆粉碎成细小颗粒状，筛分后烘干水分控制在25%左右。经过氯化锌、磷、酸、盐酸等，配制成适合的波美度和pH溶液浸泡4~8h，进行低温炭化（250~350℃）和高温活化（360~450℃），再经回收（把消耗的原料稀出再经过煮、漂洗、烘干、筛分、磨粉等工艺）制成活性炭。

7.以秸秆为原料的加工业利用

秸秆纤维作为一种天然纤维素纤维，生物降解性好，可以作为工业原料，如纸浆原料、保温材料、包装材料、各类轻质板材的原料，可降解包装缓冲材料、编织用品等，或从中提取淀粉、木糖醇、糖醛等。其中，最主要作为纸浆原料。可用于造纸纤维原料的秸秆为禾草类，包括稻草、麦秆、高粱秆、玉米秆等。其中，麦秸是造纸重要的非木纤维资源，其他秸秆尚未大量使用。造纸用麦秸占总量的30%以上，主要集中在麦秸主产区的河南、安徽、山东、河北等省。采用清洁生产工艺科学使用秸秆生产非木纸浆、秸秆板。